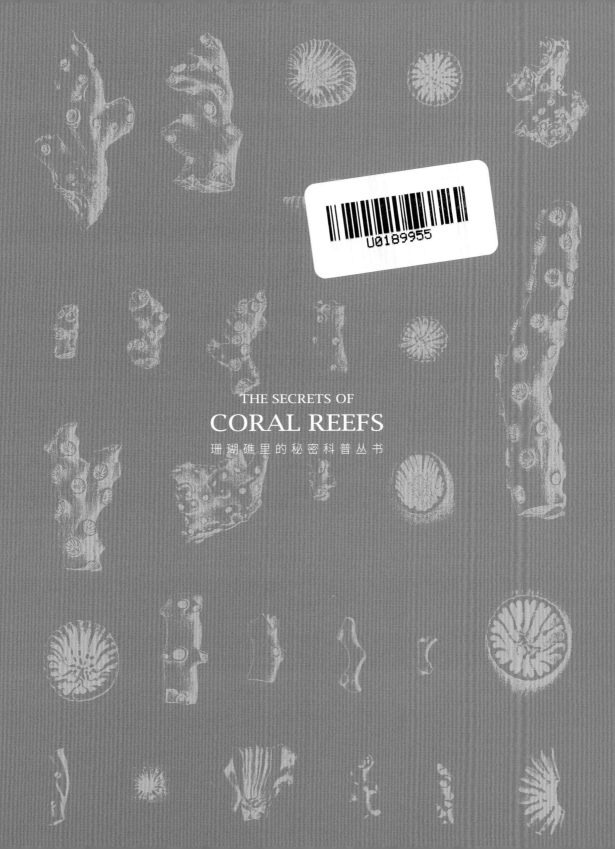

THE SECRETS OF
CORAL REEFS
珊 瑚 礁 里 的 秘 密 科 普 丛 书

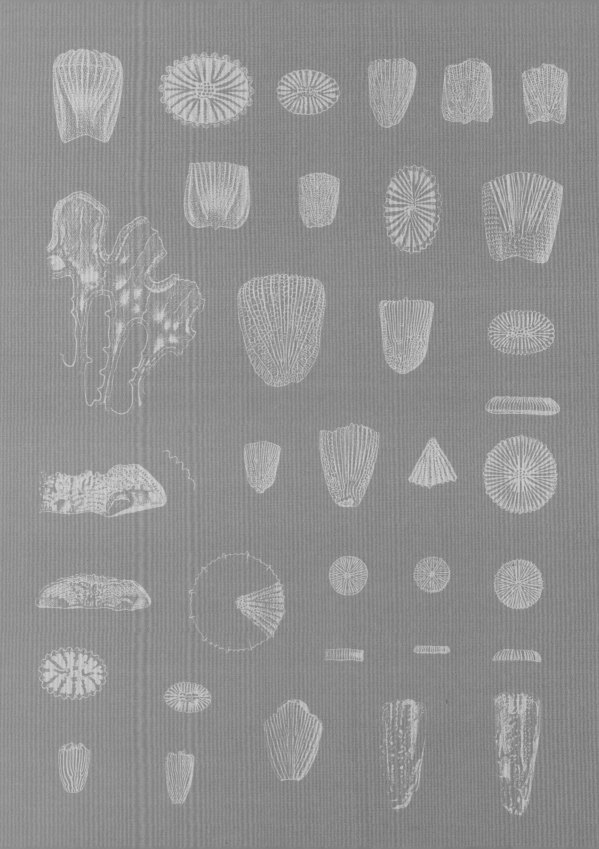

国家出版基金项目
NATIONAL PUBLICATION FOUNDATION

THE SECRETS OF
CORAL REEFS
珊瑚礁里的秘密科普丛书

黄 晖 **总主编**

珊瑚礁里的生存术

黄 晖 ——— 主编

文稿编撰 / 叶沛沅 王举昊 王丽泽
图片统筹 / 孙玉苗 丁兆宸 高 晟

中国海洋大学出版社
CHINA OCEAN UNIVERSITY PRESS

珊瑚礁里的秘密科普丛书

总主编 黄 晖

编委会

主 任 盖广生　中国太平洋学会副会长

副主任 杨立敏　中国海洋大学出版社社长

　　　　 黄 晖　中国科学院南海海洋研究所研究员

　　　　 李夕聪　中国海洋大学出版社副总编辑

委 员 （以姓氏笔画为序）

牛文涛　邓志科　刘文菁　杨立敏　李夕聪　李秀保

李学伦　李建筑　徐永成　黄 晖　盖广生　魏建功

策 划 李夕聪

执行策划

邓志科　孙宇菲　孙玉苗　董 超　郑雪姣　姜佳君

在辽阔深邃的海洋中存在着许多"生命绿洲"，这些"生命绿洲"多分布在热带和亚热带的浅海区域，众多色彩艳丽的生物生活于此、繁荣于此、沉积于此。年岁流转，这里便形成了珊瑚礁生态系统。

这些不足世界海洋面积千分之一的珊瑚礁却庇护了世界近四分之一的生物物种，其生物多样性仅次于陆地的热带雨林，故被称为"海洋热带雨林"。

这里瑰丽壮观、神秘富饶，吸引着人们的目光。

本丛书将多角度、全方位地展示珊瑚礁里的世界，一层层地揭开珊瑚礁生态系统的神秘面纱。通过阅读丛书，你将透过清丽简约的文字和精美丰富的图片去一探汹涌波涛下的生命奇观，畅享一次知识与趣味双收的"珊瑚礁之旅"。同时，本丛书也将逐步揭开人类与珊瑚礁的历史渊源，站在现实角度，思考珊瑚礁生态系统的未来。在国家海洋强国战略的大背景下，合理利用海洋资源、正确开发并切实保护好珊瑚礁资源，更加需要我们认识并了解珊瑚礁生态系统。

　　"绛树无花叶，非石也非琼"，诗中的珊瑚美丽动人，但你可知道珊瑚非花亦非树，而是海洋中的动物，是珊瑚礁的建造者。在《探访珊瑚礁》中，你会知晓或如花般摆动或如蒲柳般招展的珊瑚动物的一生，知晓珊瑚礁的往昔。你无须出航也无须潜水，就能"畅游"世界上著名的珊瑚礁群落，领略南海珊瑚礁、澳大利亚大堡礁的风采，初步了解珊瑚礁的分布情况。也可以窥见珊瑚礁中灵动的生命、珊瑚礁与人类的历史渊源。

　　数以万计的生物共处于珊瑚礁系统中，它们之间有着千丝万缕的联系。这些联系在《珊瑚礁里的食物链》一书中得以呈现。无论是微小的藻类，还是凶猛的肉食鱼类，它们都被一张无形的大网网罗在这片珊瑚礁海域，各种生物的命运环环相扣，息息相关，生命之间的碰撞让这里精彩纷呈。

　　为了生存，生活在这里的"居民"早就练就了出色的生存本领。

《珊瑚礁里的生存术》带你走近奇妙的珊瑚礁生物，旁窥珊瑚礁"江湖"中的"血雨腥风"，一睹珊瑚礁"居民"的"绝代风华"。它们在竞技场中尽显身手，或遁影于无形或一招制敌……

也许很多人对珊瑚礁生物的最初印象会源于礁石水族箱里色彩艳丽、相貌奇异的宠物鱼，对它们的生活习性却并不了解。《珊瑚礁里的鱼儿》书写了珊瑚礁里"原住民""常客""稀客""不速之客"的生活。书中所述鱼类虽然只是珊瑚礁鱼类的一部分，但也从一个侧面展现了它们的灵动之美和生存智慧。有些鱼儿"鱼大十八变"，不仅变了相貌还会逆转性别，有些鱼儿则演化出非同一般的繁殖方式……

珊瑚礁不仅用色彩装饰着海底世界，更给人类带来了许多的惊喜与馈赠。在《珊瑚礁与人类》中，你将看到古往今来的人们如何发掘利用这一方资源，珊瑚礁如何在万千生命的往来中参与并见证

人类社会文明的发展。在这里，你将见到不一样的珊瑚，它们不再仅仅是水中的生灵，更是镌刻着文化价值的海洋符号。你也能感受到珊瑚礁在人类活动和环境变化下所面临的压力。好在有越来越多的"珊瑚礁卫士"在努力探索、不断前行，为守护珊瑚礁辛勤付出。

当你翻过一张张书页，欣赏了千姿百态的珊瑚礁生灵，见识了它们的生存之道，领略了大自然的鬼斧神工，或许关于海洋的"种子"已然在你心中悄然发芽。珊瑚礁里的一些秘密已被你知晓，但珊瑚礁的未解之谜还有很多。珊瑚礁环境不容乐观，珊瑚礁保护与修复道阻且长，需要我们每一个人去努力。■

　　珊瑚礁海域是海洋世界里繁华的"大都市"。无论是随波逐流的水母、花儿一样定生的有柄海百合，还是懒洋洋的海参、张牙舞爪的章鱼、横行的螃蟹、悠然游弋的鱼儿，都有机会填饱肚子。这里是一片明争暗战的"江湖"，有凶猛的"猎手"，有阴险的"刺客"，有施毒的高手……

　　生活在这里的"居民"，都要提防葬身"他人"腹中，都得练就一番出色的生存本领。

　　在珊瑚礁海域，有些生物习得了"隐身大法"。宛若礁石的毒鲉、埋在沙子里面的博比特虫、会变色的章鱼、善于乔装打扮的蜘蛛蟹……这些"伪装大师"，有的赖此免遭杀身之祸，有的靠伏击获得维持性命的食物。

　　珊瑚礁海域中的一些生物虽然有着或美丽或可爱的外表，却是身怀剧毒的危险角色。摇曳多姿的海葵、花枝招展的蓑鲉、胖嘟嘟的河鲀、身穿华服的鸡心螺……它们，虽然没有凶神恶煞的相貌，却绝不是任人宰割的弱者。

1

有些珊瑚礁海域的"居民"在"传宗接代"方面可真是下了一番功夫。会进行性别转换的小丑鱼、隆头鱼、石斑鱼，细心照顾"宝宝"的海马、后颌鰧、豆娘鱼……它们独特的繁育方式，保证了族群的延续。

　　为了不成为"他人"的盘中餐，珊瑚礁海域的"居民"大都有自己的一套御敌术。螃蟹和贝类身穿坚硬的"铠甲"，乌贼和章鱼遇到危险会释放"烟幕弹"，海星和海参则分别选择了"断臂"和"吐脏"求生……

　　珊瑚礁海域的"居民"也不总是独来独往。珊瑚虫和虫黄藻、小丑鱼和海葵结成了紧密的"同盟"，鰓棘鲈和章鱼"强强联合"捕猎，鼓虾和虾虎鱼一个"盖房"、一个"看门"，缩头鱼虱则干脆直接住进鱼嘴里……

　　有些珊瑚礁海域的"居民"有自己的独门绝技。有的会造房子，有的会"使用工具"，有的会放电，有的能够卡在石缝里睡觉……

　　《珊瑚礁里的生存术》将带你探访珊瑚礁海域，走入这里的"生活圈"，一睹这里"居民"的"绝代风华"。■

■ 身怀绝技　　　　　117

隐身有术

色相融

保护色是在珊瑚礁海域生活的动物用来伪装自己的常用手段之一。依靠保护色，猎物更容易躲避猎手的搜寻、逃脱猎手的追捕，而猎手也得到了暗中接近猎物的机会，得手概率得以增加。

在珊瑚礁海域，很多臭名昭著的"杀手"就拥有这一高明的伪装：躄鱼、毒鲉、蓑鲉、石斑鱼……这些杀手就像是隐藏在丛林中的毒蛇，埋伏在繁盛的"珊瑚丛林"之中，伪装成一块岩石，或是一块珊瑚，伺机而动。当猎物进入攻击范围时，它们就像闪电一般发起攻击，大多数猎物根本来不及反应就葬身鱼腹。

鮟鱇目躄鱼科的成员与同目的"表亲"相比，长相要美丽、可爱许多。可别因为它们外表娇美，就小瞧了这些小家伙。在色彩斑斓的珊瑚丛中，它们凭借艳丽的外貌和环境融为一体，成为伪装的高手。躄鱼喜欢一动不动地趴在海底。而在行动的时候，它们经常会利用自己强壮的胸鳍和腹鳍在海底缓慢爬行，而不是游泳。同时，和鮟鱇

大斑躄鱼

细斑躄鱼

目的"亲戚"一样，它们的第一背鳍的硬棘特化为一种叫作"吻触手"的结构，起到了"钓鱼竿"的作用。如果小鱼、小虾被"鱼饵"所吸引却忽略了危险的存在，就会成为躄鱼的一顿美食。由于躄鱼的腹部扩展性很强，有些体型比躄鱼还大的鱼也会沦为它们的食物。

鲉形目的毒鲉和蓑鲉两个家族的成员也是潜伏行家。毒鲉体色和环境十分相似，加上参差不齐的背鳍的进一步掩饰，很像一块长满藻类的礁石，所以也被称为石头

康氏躄鱼

3

玫瑰毒鲉

玫瑰毒鲉

鱼；而蓑鲉身上斑斓的条纹
在珊瑚礁背景下也颇具迷惑性。这两
类鱼都是珊瑚礁中的"危险分子"，它们的鳍棘
基部有毒腺，装有毒性剧烈的液体。如果有捕食者打它们的主意，那必然是要吃一番
苦头的，甚至会丢掉性命。对于人类来说，毒鲉和蓑鲉的毒性也都是不可小觑的。尤
其是毒鲉，它的毒性甚至会威胁人的生命。

在如何觅食这一问题上，毒鲉和蓑鲉产生了分歧。毒鲉倾
向于"守株待兔"，一般会伪装成一块礁石，等猎物送到嘴边。
蓑鲉却是个好斗分子，喜欢主动搜寻并发动攻击；再加上形
似鬃毛的鳍棘，它们被冠上了"狮子鱼"的名号（但它们并
不属于狮子鱼科，而属于鲉科蓑鲉亚科）。白天，蓑鲉一般
躲藏在珊瑚礁的阴影处休息，借自己艳丽的、可融入环境的
体色得以隐藏。每到夜间，它们就会在珊瑚礁中缓慢地巡游，
一旦发现猎物就会像狮子一样扑出去咬住。蓑鲉的伪装手段

翱翔蓑鲉

印度洋蓑鲉

是如此出色，而它们又是如此好斗，甚至很多长得比它们还大的鱼都会成为它们的猎物。所以当蓑鲉作为入侵物种进入美国佛罗里达州沿岸海域后，几乎登上了食物链的顶端。原生的珊瑚礁鱼儿远不是蓑鲉的对手，当地很多海洋生物遭受了灭顶之灾。佛罗里达州政府为了消灭这类美艳而凶猛的小鱼大费周章，尝试了很多种办法都未见成效。蓑鲉肉嫩味鲜，因此佛罗里达人想到的最好的办法，就是把这种入侵生物"吃到绝种"。

除了上面所说的硬骨鱼，有些软骨鱼也不甘示弱，演化出了相似的手段。须鲨科的成员是鲨鱼中的奇葩。在

很多人的印象中，鲨鱼拥有简洁而凌厉的外形、灵敏的嗅觉、极高的速度和敏捷的动作，经常在海洋中四处寻找猎物。可须鲨线条柔和，体形娇小，体表覆盖着"花里胡哨"的纹路，行动迟缓。然而，它们貌似温顺善良，实则是不折不扣的"杀手"。那看似滑稽的外形恰是完美的伪装，使之得以潜伏在海底，成为"暗杀者"。

须鲨

5

须鲨

　　也不是所有在珊瑚礁海域生活的动物都喜欢在珊瑚中隐藏自己，有的就喜欢藏在沙子里等待猎物。

　　对于博比特虫（矶沙蚕）来说，要拖着超过1米长的身躯去追捕猎物实在是太难了，埋伏在沙子里等待前来觅食的动物才是适合它们的捕食方式。

　　博比特虫是环节动物门的成员，和蚯蚓算是远亲。博比特虫身体大部分埋藏在海沙内，平时只有口部露在沙子外面。棕灰的体色使博比特虫很难被发现。一旦有小鱼、小虾接近，博比特虫就会猛地探出头来。它们尖利的牙齿能轻易穿透猎物的皮肉，强大的肌肉则令博比特虫得以强行将猎物拖到沙中慢慢享用。即使是人，也会面临被博比特虫咬断手指的危险。

博比特虫

　　保护色是很多生物掌握的生存技能。然而，如果环境发生变化，它们的伪装就很有可能失去作用。所以，很多利用保护色作为自身伪装的生物都会选择生活在固定的环境中，甚至很久都会停留在同一处。

形相肖

日本的忍者是暗杀的高手，他们可以把自己假扮成形形色色的人甚至无生命的物体，以此来掩饰自己的身份，接近并杀死自己的目标。

大千世界，有很多生物拥有类似的现象。在自然界，一种生物的形态、斑纹、颜色等跟另外一种生物或周围环境相似，从而获得生存优势的现象被称为拟态。

兰花螳螂

昆虫界的兰花螳螂深谙此术。它们躲在美丽幽香的兰花中，等待着喜爱兰花的昆虫主动上门，然后大快朵颐。兰花螳螂的拟态非常精妙。其体色可以根据环境在粉色至棕色的色彩范围内变化。如果藏在一朵粉白色的兰花中，它们会"穿上"同样颜色的"外衣"。它们的 4 只步足扁平，和兰花的花瓣形状相似。兰花螳螂一动不动地躲藏在兰花内，真的很难被发现。当蝴蝶、蜜蜂等昆虫前来造访这朵兰花时，就会冷不丁被兰花螳螂强壮且带锯齿的"前臂"抓住，成为它们的"刀下亡魂"。

那么，在生物熙熙攘攘的珊瑚礁海域，又有哪些拟态高手呢？

看过上篇的读者可能会回答："躄鱼！"没错，躄鱼的体色极具迷惑性，再配合其凹凸不平的体表，有些"长成"了海鞘或海绵的样子，有些看起来像礁石。这让它

条纹躄鱼

大斑躄鱼

们在珊瑚礁得到了很好的掩护。为了捕猎，鮟鱇鱼会挥舞它们背鳍第一鳍棘特化而来的钓竿状吻触手，模仿摇曳的海藻，吸引放松警惕、毫不设防的小虾、小鱼前来觅食。

像鮟鱇鱼这样把自己伪装成另外一种无害的生物或是环境，借此在捕猎中获得优势，得以更顺利地接近捕食对象的拟态被称为进攻性拟态，或者叫波氏拟态（Poultonian mimicry）。有些捕食者通过进攻性拟态来捕杀猎物，而有些猎物则会通过拟态来逃脱猎杀者的追捕。

拟态革鲀

有一种鱼，其名字就暗示了它们也掌握了拟态这一本领。它们是拟态革鲀。拟态革鲀体形侧扁，通常呈绿褐色或灰色，带有不规则的蓝色条纹，还散布着蓝色和黑色斑点，很像巨型海藻的叶片。它们扇形的尾巴也利于其在海藻丛中隐蔽。它们和章鱼一样具有迅速变色的技能。它们就这样躲在珊瑚礁或海藻丛中，享用着小型甲壳动物、海葵、海藻、柳珊瑚等美味，同时也有效躲避着捕食者的追捕。由于它们的尾巴很像扫帚枝儿，所以拟态革鲀也被称为扫帚鱼。

虽然拟态革鲀有着"拟态"的名字，但是它们的拟态能力可算不上顶级。

草海龙

草海龙和叶海龙同属于海龙科。它们真不愧是近亲，不只名字相似，外表也非常相似。

草海龙和叶海龙身上披挂着的叶片状附肢，看起来如桨似楫，其实并没有辅助运动的作用。不过这些附肢也不是单纯起美观作用的装饰品。就像在草丛中埋伏的战士头上戴着的草环一样，草海龙和叶海龙的附肢是为了让它们更好地隐藏在海藻之中。它们除了在结构上演化出了类似海

藻叶状体的附肢，还会在流动的海水中模仿海藻摇摆。很少有捕食者能在茂密的海藻丛中发现它们。草海龙和叶海龙摄食浮游生物等小生物。它们没有强劲的肌肉，没有快速游泳的本领。它们之所以能在危机四伏的海洋中生存下来，就是依靠强大的拟态能力。

像草海龙和叶海龙这类为了保护自身而模仿无毒或无害的生物，并不对捕猎者造成伤害的拟态叫作瓦氏拟态（Wasmannian mimicry）。

另外，贝氏拟态（Batesian mimicry）在生物圈也非常常见。简单来说，贝氏拟态就是无毒、无攻击性的生物为了防止被捕食而模仿有毒或攻击性强的生物，以此震慑捕食者的行为。

在珊瑚礁海域也有这样的例子。横斑鳃棘鲈幼鱼身体花纹和鲀科的横带扁背鲀十分相似。横带扁背鲀身带剧毒，威名远扬，敌人轻易不敢招惹。于是"披着"

叶海龙

横斑鳃棘鲈

横带扁背鲀

横带扁背鲀"外衣"的横斑鳃棘鲈幼鱼就安全多了。而成年横斑鳃棘鲈体型比横带扁背鲀大很多，且脾性凶狠，理所当然地"脱下"伪装，活出了自己的模样，体色从白色变成了灰黑色。

第4种拟态被称为缪氏拟态（Mullerian mimicry）。缪氏拟态是两种或多种具有警戒色的生物之间的趋同现象。以黄蜂和蜜蜂为例，它们都会用自己的刺来蜇伤敌人，但敌人只有得到教训以后才会明白。黄蜂和蜜蜂在外貌上极其相似，敌人只需误食其一就会明白这两种生物都"碰不得"。这样相对减少了敌人尝试捕食它们

的次数，也就提高了它们生存的概率。这种拟态在海洋生物中并不常见。

最后一种拟态，叫作集体拟态（collective mimicry）。集体拟态是指一个物种群体相互配合，共同模拟出别的生物或非生物的形态，以此抵御敌人的攻击。在鱼类中经常有这种拟态：一群小鱼模仿一种勇猛的大鱼，以此吓退捕食者。

这5种拟态方式虽然各不相同，但殊途同归，都是为了提高自身的生存能力。

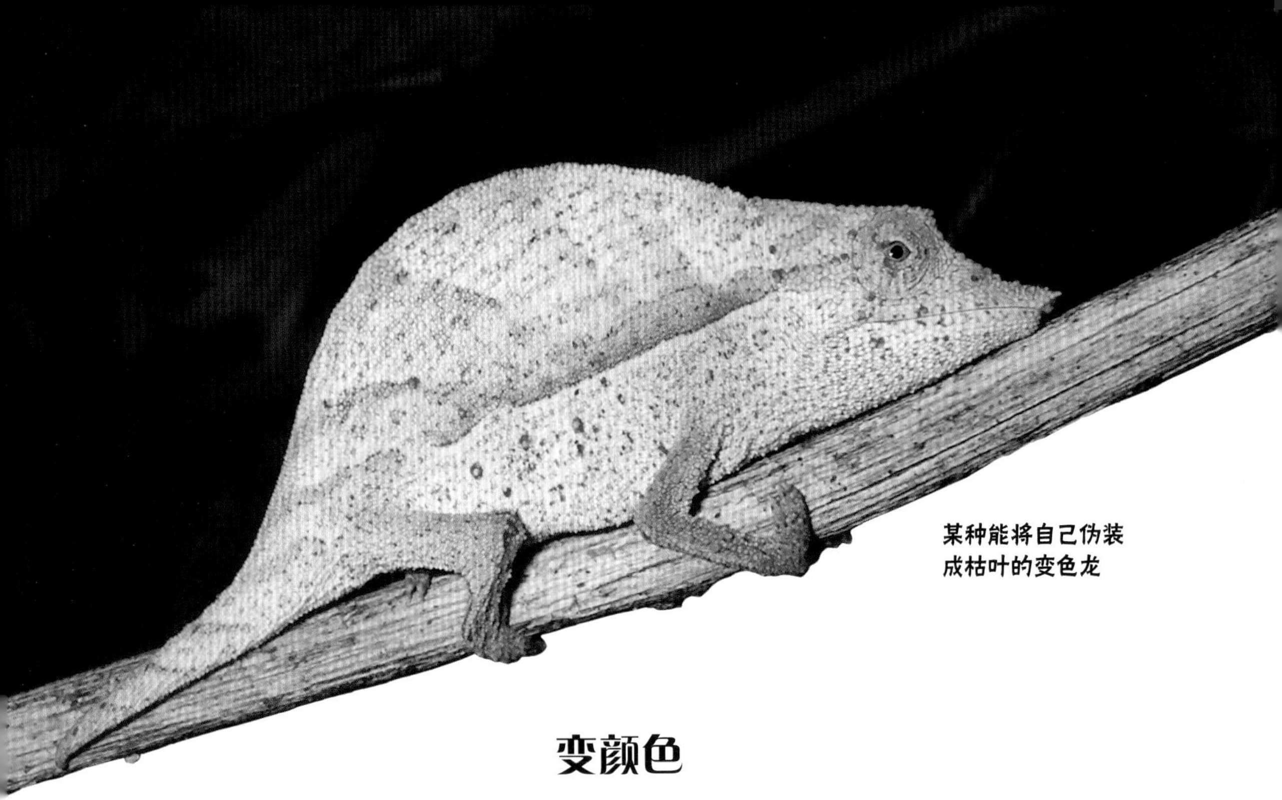

某种能将自己伪装成枯叶的变色龙

变颜色

川剧中的变脸是一种很有趣的戏法，演员可以瞬间变换自己所戴面具的图案。在动物界也有这样的“大师”，它们不需要道具，不仅能改变自己的面部颜色，甚至连全身的颜色都能改变。

说起动物界的变色大师，大部分人首先想到的可能就是变色龙了。变色龙（即避役，属于避役科）是一类神奇的动物，它们可以控制自己的皮肤变化出不同的颜色。这听起来真是一种非常实用的能力，因为变色龙如果能一直保持和环境相近的颜色的话，其生存能力将大大提高。变色龙的变色除了有伪装功能以外，也具有表达心情和传递信息的作用，甚至后两种作用更明显。也就是说，很多时候变色龙是看心情变色的！这算是真正意义上的“喜怒形于色”了。

变色龙的变色“表演”很精彩，生活在珊瑚礁海域的很多动物的变色能力更是令人啧啧称赞。

大斑躄鱼是躄鱼科的成员之一，喜欢“穿”带有环状、鞍状斑纹的“衣服”。和躄鱼科的其他成员一样，大斑躄鱼是个“慢性子”。它们可以依靠自己的胸鳍和腹鳍在海底缓慢地爬行，但大多时候却趴在珊瑚礁中一动不动。为了能更好地融入不同的环境，大斑躄鱼习得了变色的能力。大斑躄鱼的变色范围非常广，黑色、褐色、黄色到粉红色都在它们的变色范围之内，甚至有摄影师拍到一条大斑躄鱼在一片白化的珊瑚丛中变成了纯白色。

不过大斑躄鱼的变色有一个重大的缺陷——慢。它们需要几周的时间才能让自己的体色彻底改变。也就是说，如果环境突然发生巨大的变化，生活在其中的大斑躄鱼会在一段不短的时间内暴露自己。

躄鱼科的多数成员都拥有变色的能力；而在这方面，毒鲉科的玫瑰毒鲉却在其家族中"一枝独秀"。毒鲉科的成员都能让自己的体色深浅或多或少发生一些变化，但要说

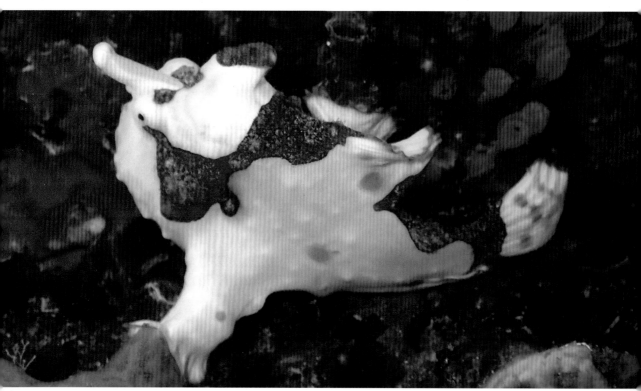

大斑躄鱼

玫瑰毒鲉

到改变颜色，还得靠玫瑰毒鲉出来撑场面。和鳢鱼相似，玫瑰毒鲉也是"慢性子"。它们行动缓慢，经常待着一动不动；同时，它们身上坑坑洼洼的，颜色又和环境相似，很像一块岩石。可是如果有人真的把它们当成了岩石，那他就可能会遭殃了。玫瑰毒鲉是海洋中毒性较强的鱼之一。如果有人不慎碰触到这种鱼，它们背上尖锐的背鳍会毫不留情、轻而易举地穿透人的肌肤，注入致命的毒液。如果不尽快救治，被刺中的人很有可能会一命呜呼。由于玫瑰毒鲉肉质细嫩，味道鲜美，很多人还是会不顾被刺中的危险，想方设法地捕捉它们。然而，它们拥有很强的变色能力，能够和环境完美地融为一体。所以即使经验丰富的渔民，也很难发现藏在礁石中的玫瑰毒鲉。相反，倒是有不少人因为尝试捕捉它们而中毒受伤。

上面说到的两种硬骨鱼都拥有不俗的变色能力，可要跟下面这类软体动物相比，还是差点意思。

乌贼称得上是动物界的"变色之王"。对于乌贼来说，改变自己身体的颜色完全是小菜一碟。乌贼变色迅速，可以像滚动字幕那样连续不断地"换装"。有国外的研究人员把乌贼放在棋盘上，乌贼居然快速"穿"上了有着界线分明的黑白色块的"衣服"！

乌贼主要以蟹类和鱼类为食。在捕食的过程中，乌贼往往会模拟环境的颜色暗中接近猎物。如果这一招没有奏效，乌贼也有其他的办法。它们会像霓虹灯一样快速改变自己的颜色，迷惑猎物，使之放松警惕。乌贼趁机突然发动攻击，捕猎的成功率就高了不少。如果角色翻转，乌贼与其天敌"狭路相逢"，它们则机智地迅速伏在珊瑚礁上，伪装、隐身，逃脱成为"腹中餐"的厄运。

乌贼拥有令人惊叹的变色能力，可它们是怎么做到的呢？

伞膜乌贼是世界上最大的乌贼，栖息于澳大利亚南部沿岸

穿上棕色"外衣"的乌贼

融入沙质背景中的乌贼

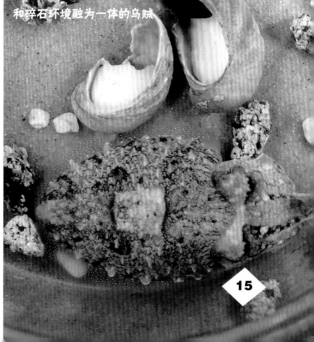

和碎石环境融为一体的乌贼

15

乌贼是色盲，但它们的虹细胞和色素细胞可以与多种环境相匹配，"编织"出色彩斑斓的"外衣"

乌贼的色素细胞

乌贼体表有众多的色素细胞。这些色素细胞大致分 3 类，共排布 3 层。这 3 层从上到下分别呈现黄色 / 橘色、红色和棕色 / 黑色。色素细胞受到肌肉纤维的牵拉，而肌肉纤维的收缩或舒张受神经信号的调控。当肌肉纤维放松时，色素细胞呈收缩的状态；而当肌肉纤维收缩时，色素细胞被牵拉，其表面积大大扩展，颜色就显示出来了。这 3 层色素细胞呈现出类似"调色"的过程，赋予了乌贼变幻的色彩伪装。乌贼的变色能力还不止于此。在色素细胞层之下，还有虹细胞。这些虹细胞中含有层层叠叠的鸟嘌呤晶体，可以反射出虹彩样的色泽，这正是乌贼泛着金属光泽的原因。此外，乌贼还具有白色素细胞。白色素细胞比虹细胞埋藏得更深，也具有嘌

大蓝章鱼

　　呤晶体，有助于乌贼施展出色的变色技能。关于乌贼还有一件令人匪夷所思的事情：虽然乌贼能变化出很多种颜色，它们本身却是个色盲。至于乌贼是如何区分颜色的问题，目前并没有定论，有待深入研究。

　　生物的绝大部分行为都是为了自己能够更好地生存。珊瑚礁中的"变色大师"们各显神通，最终目的也都是在珊瑚礁这座繁华而又险象丛生的"城市"里生存下来。如果环境继续恶化，脆弱的珊瑚礁生态系统崩溃，这些神奇的生物也将面临灭顶之灾。我们人类在生活中为了保护环境而付出的每一次微末的努力，都是为其他生物的生存而做出的不可忽视的贡献。保护其他生物，也是在保护人类自己。

乔装扮

　　人类与其他动物的根本区别是什么？关于这一问题，人们进行了激烈讨论。在诸多回答中，有一个受到了很多人的支持：人会制造和使用工具。

　　其他动物自然没有像人类一样强的制造和使用工具的能力，可是这并不代表其他动物完全不会"制作"和"使用"工具。乌鸦会把坚果丢在马路上，借助过路的汽车打开坚硬的外壳；黑猩猩会使用细长的树枝插入白蚁窝粘白蚁……在神秘的珊瑚礁海域，也有一些小生物会"打造"一些简单的工具来伪装自己。

　　属于十足目的蜘蛛蟹，不少是蟹类中的"长腿模特"，有着和蜘蛛相似的修长的附肢，这也是其名的由来。蜘蛛蟹看起来十分凶猛，可行动迟钝。所以，为了避免被发现，它们使用了一种巧妙的技法。

　　蜘蛛蟹科有很多成员有着特殊的"爱好"——喜欢"收藏"海绵、海藻之类的小生物或小物件。不过，这些"收藏家"收集"藏品"可不是为了装点房舍，也不是等着升值卖钱，更不是为了欣赏、把玩，而是为了"伪装"自己。蜘蛛蟹在身上挂满了

钝额曲毛蟹

蜘蛛蟹

头上开了一朵"海草花"的四齿矶蟹

装饰有海葵的瘤状圆腔蟹

正在蜕壳中的蜘蛛蟹

各种各样、色彩斑斓的"装饰品",有时甚至连一点点自己真实的外表都不暴露出来。这种花哨的"外衣"不但不会让蜘蛛蟹成为海洋"居民"中的焦点,反而使它们能在繁华的珊瑚礁"家园"中遁于无形。蜘蛛蟹也因为这一特点而被称为装饰蟹。

那么它们是如何做到的呢?原来,这些蜘蛛蟹的甲壳上长满了钩状的刚毛,会牢牢地钩住琳琅满目的"装饰品",形成一件奇异的"外衣"。然而,某些海藻光滑的叶状体可不是那么容易钩住的,怎么办呢?聪明的蜘蛛蟹会将其咬得毛毛糙糙,边缘参差不齐。这样,这些滑溜溜的海藻也能很好地"粘"在蜘蛛蟹身上了。

蜘蛛蟹身上的海葵等不仅仅是蜘蛛蟹的伪装材料,也是蜘蛛蟹用以自保的武器。身为刺胞动物的海葵具有不可小觑的毒性。很多海洋动物都会对海葵敬而远之,所以即使它们发现了海葵伪装下的蜘蛛蟹,也未必敢下嘴。要不然没能享用到美餐,反而丢掉了性命,岂不是得不偿失?

海葵等"活装饰品"给蜘蛛蟹提供了良好的保护,蜘蛛蟹自然也不会亏待它们。这些海葵大多以浮游生物为食。蜘蛛蟹每

天不断地四处活动，使海葵获得了更多的食物来源。这也算是各得其所吧。

蜘蛛蟹用以制作"隐身衣"的材料来自周围环境，而且随时可以更换。蜕壳时，蜘蛛蟹还会对旧壳上的"装饰物"回收利用，"装饰"到新壳上。大部分蜘蛛蟹第2或第3次蜕壳之后就会开始"乔装打扮"，直到死亡；但也有一些蜘蛛蟹会在成年之后停止"装扮"。有些科学家推测，这些蜘蛛蟹到接近成熟的时候已经足够庞大，大多数捕食者不再对它们产生威胁，因此它们也就不再需要伪装自己，毕竟这些"装饰品"也会影响蜘蛛蟹的移动。

蜘蛛蟹喜欢各种各样的"装饰品"，但是有一类螃蟹却对海绵情有独钟。它们是绵蟹科的成员。

绵蟹与蜘蛛蟹"爱好"相似，喜欢在自己的甲壳上"养"海绵。有时候所背负的海绵甚至比绵蟹自身还要大。这样，绵

生活在澳大利亚海域的蜘蛛蟹 Leptomithrax gaimardii 成年之后并不喜欢装饰自己

蟹就能完全隐藏在海绵之下了。和蜘蛛蟹的情况类似，海绵与绵蟹一起生活，共同成长。海绵为绵蟹提供了庇护，而绵蟹也让海绵能更容易地获得食物。它们就像是一对合作无间的伙伴，互惠互利。

蜘蛛蟹和绵蟹虽然不能变色，也没有强大的拟态能力，却能充分利用身边唾手可得的材料，伪装、保护自己，让自己成功地在危机四伏的海洋中立足。这也是一种生存的智慧。

绵蟹

小心有毒

泡纹珊瑚

"蛇蝎美人"——刺胞动物

　　珊瑚礁中，自然少不了绚丽的珊瑚和海葵。得益于体内的共生藻，它们多有着鲜艳的色彩。不过，它们可不是美丽娇弱的"深闺女子"。它们称得上艳若桃花，毒似蛇蝎。

　　珊瑚和海葵同属刺胞动物门。过去刺胞动物与栉水母动物一起划为腔肠动物门，但 20 世纪 90 年代后期，栉水母动物自立门户，成为"栉水母动物门"。刺胞动物最

珊瑚触手

大的特点就是它们拥有有毒的刺细胞。这也成为刺胞动物名称的由来。

刺细胞是刺胞动物特有的攻击与防卫"武器"，是由上皮细胞特化而来的，主要存在于表皮层，特别是触手上及口周围，以帮助捕食。有些种类的消化腔的胃丝及隔膜丝上也有大量刺细胞分布。每个刺细胞内都有一个特殊的细胞器——刺丝囊。在机械刺激及化学刺激的联合作用下，刺丝囊会释放刺丝，攻击猎物或捕食者。

目前已知刺胞动物有30余种刺丝囊，其中基本的有3种：穿刺刺丝囊、缠绕刺丝囊、黏着刺丝囊。穿刺刺丝囊是所有刺胞动物都具有的，内含毒液；其刺丝可以

粗野鹿角珊瑚

花群海葵

穿刺毒杀猎物。缠绕刺丝囊仅存在于珊瑚纲生物中，不含毒液；其刺丝像弹簧一样盘卷在刺丝囊内，用以缠绕捕获物。黏着刺丝囊与缠绕刺丝囊类似，也多存在于珊瑚纲生物中。

诚然，珊瑚和海葵中许多种类可以利用共生藻合成的糖类自给自足，但是不要忘了，所有的刺胞动物都是肉食者！它们可不会轻易放过到嘴的"小鲜肉"！

以群体海葵属和皮群海葵属为代表的群体海葵，在水族市场上被形象地称为"纽扣珊瑚"。它们属于珊瑚纲群体珊瑚目群体海葵科。水螅体收缩时，它们看起来像个不起眼的小黑球；水螅体绽开时，则宛如一丛丛艳丽的花束。它们的体内可以接纳共生藻。在光照、水温、微量元素等环境条件适宜时，它们体内的共生藻所产生的营养足够它们生活。若是共生藻不能满足自身需求，或是环境不适造成"脱藻"，它们就得靠着毒杀小型浮游生物过活了。若是附近有其他珊瑚、海葵等生物抢占地盘，它们

沙海葵

也会毫不留情地将毒素注入这些
竞争者体内，将其杀死，获得生
存空间！

它们含有大名鼎鼎的水螅毒
素！水螅毒素是目前自然界已知
的毒性很强的物质之一。有研究
表明，水螅毒素可能由体内共生
的细菌产生。这也可能是为什么
相对于野生环境，长时间人工饲
养环境下的纽扣珊瑚相对"温和"
的原因。当然，人们对长期人工
饲养的纽扣珊瑚也不可不防，依旧有中招的可能！

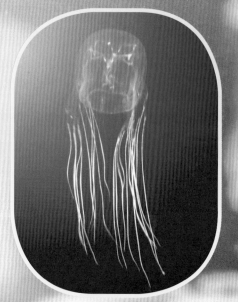

"海洋黄蜂"

说到刺胞动物，就不得不提各种水母了。它们宛若裙裾飘飘
的仙子，温婉灵动；又如轻盈舒展的云朵，如真似幻。然而，它
们美丽的背后隐伏着杀机。它们是用毒的行家。

相比要么依靠海流输送食物，要么守株待兔，等着犯傻的小
家伙"自投罗网"的各种海葵、珊瑚，许多水母摄食则要积极主
动得多。

它们大都拥有长长的触手，有些种类的触手甚至可以长十几
米！它们的触手上分布着大量的刺细胞。这些细长的触手，构成
一个有毒的牢笼，静待着撞上这"死亡陷阱"的"牺牲品"。

箱型水母"毒"名远扬！箱型水母是立方水母纲生物的统称，
有50余种。它们大多体呈座钟形或立方形，身体有4条明显的边，
宛如一个盒子，故称箱型水母。其中，以剧毒著称的有3种：有

着"海洋黄蜂"之名的澳大利亚方水母、伊鲁坎吉水母、*Malo kingi*。这些水母所含的毒素大多是神经毒素，作用于有运动神经支配的横纹肌，使肌肉不能正常收缩，致使中毒者呼吸衰竭，最终死亡。

很多水母不像珊瑚、海葵一样有着明艳的色彩，它们选择当低调的潜伏猎手——它们几乎是透明的！这些水母身体 90% 以上由水构成，体壁接近透明。光线能很好地穿透它们的身体。即使是较厚的伞部，看起来也隐约朦胧，更别说细长的触手了。更要命的是，它们的触手不但长，而且即使从本体脱落，触手上的刺细胞也能较长时间地保持活性！这就意味着，它们的猎物常常是"不见其形，先中其毒"，还没明白怎么回事儿呢，就把自己的一辈子给交代了……

大多水母的触手分布在伞缘，但花笠水母整个伞部外表都有触手。它们伞盖表面的触手上不仅有着带毒的刺细胞，在末端还有一小块会发出绿色或粉红色荧光的区域。花笠水母常附着在海底，触手只在小范围内摆动。它们触手末端的荧光区域就像自由浮动的颗粒状食物。不明就里的动物前来"觅食"，却意外葬身花笠水母的"毒爪"之下，成了这顶"毒帽子"的腹中餐。

在险象环生的珊瑚礁海域，刺胞动物的刺细胞确实是高效的捕猎和防御武器。

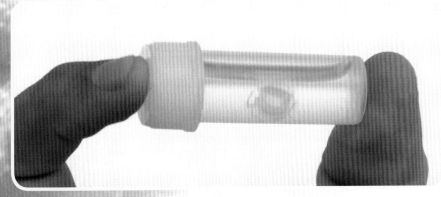

水母 *Malo kingi*

"玲珑杀手" ——芋螺

常说的鸡心螺，就是指芋螺。芋螺，身披图案繁复、色彩艳丽、触感温润的"考究外衣"，明明不过巴掌大小，却有着令对手胆寒的"毒牙"。它们，是不折不扣的"绝命毒师"！

它们皆呈锥形，故英文中也称为"cone snails"（圆锥形的贝）。绝大多数的种类螺塔低，壳口狭窄。最大的种类壳长可达 23 厘米。因其像极了一颗芋头，所以中文和日文中，都将其称为"芋螺"。

芋螺科成员全部海产。它们在世界暖水海域广泛分布，从潮间带至浅海都能见到它们的身影。芋螺皆肉食性，"齿舌"即是其捕食的武器。齿舌特化成鱼叉形，内部

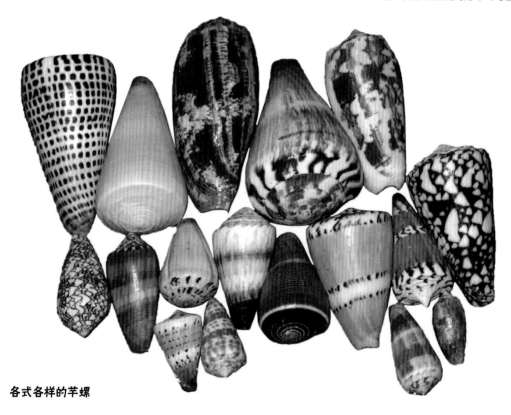

各式各样的芋螺

中空，与毒腺相连。同时，这枚"鱼叉"还具备防止猎物挣脱的倒钩。这液压驱动的"鱼叉"可以瞬间射向目标，并迅速注射强力的神经毒素，麻痹猎物，进而将其吞食。之后，"鱼叉"会和无法消化的骨和鳞片等残渣一并被吐到体外。若是这枚"鱼叉""脱靶"，芋螺则会将其吐掉，再"装填"新的"鱼叉"。

芋螺毒腺内的芋螺毒素是成分复杂的神经毒素，由上百种不同的物质混合而成。不同种类的芋螺，其毒素成分的构成和比例也不尽相同。因此，目前还没有相应的抗血清。受害者只能不停地接受心肺复苏，并使用呼吸辅助设备，直至毒素减退。这一过程可长达数小时！在这期间，命归黄泉是很可能发生的情况。

芋螺根据捕食对象，可以分为 3 类：食虫芋螺、食贝芋螺和食鱼芋螺。

食虫芋螺，主要捕食沙蚕类的环节动物，种类最多，约占 70%。

食贝芋螺，主要以软体动物为食，其中不乏像织锦芋螺这种可以以其他芋螺为食的种类。

毒性最为强烈的食鱼芋螺，又根据捕

斑芋螺

食方法的不同，分为主动出击的探索型和守株待兔的伏击型。

食鱼芋螺中为人熟知、能置人死地的是地纹芋螺。地纹芋螺在英文中又称为"cigarette snail"（雪茄螺），意为人被它们刺到后不出一支香烟燃烧的工夫，就可以面见死神了。在日本，地纹芋螺又称为"ハブガイ"或"ハマナカー"。前者说其像剧毒的蝮蛇（ハブ，意为蝮蛇），而后者则是说"被它们刺中后不等走回岸上，就会驾鹤西去"。中文中更是直截了

织锦芋螺

当地将其称为"杀手芋螺"！由此看出其可怕的毒性！

正因为它们剧烈的毒性，所以它们的天敌，也只有像织锦芋螺这样能以其他芋螺为食的食贝芋螺，以及"毒针"无法"刺穿"的甲壳生物，如装甲车般的锦绣龙虾，或是"卷螺杀手"逍遥馒头蟹。

芋螺为了捕食和防御，都具备直接麻痹神经的神经毒素。然而，有些芋螺还拥有更有趣的"武器"——"胰岛素"！这些芋螺会采用张网式的捕捉方法，张口吞噬有气无力的猎物。那么，它们是怎样让水中活蹦乱跳的小鱼安静下来的呢？

"饿晕它们！"——通过降低猎物体内血糖水平，从而降低猎物运动能力！

2015年，科学家就从前面提到的地纹芋螺的毒腺中，识别出了3种特化型的"胰岛素"。除了地纹芋螺，他们也从郁金香芋螺的毒腺中识别出了类似的

逍遥馒头蟹

物质。其中一种与其他软体动物的胰岛蛋白类似，而另外两种则更接近脊椎动物的胰岛素。他们将化学合成的其中一种"胰岛素"注入高血糖斑马鱼体内，发现其血糖水平明显降低。他们又将一定量的这种"胰岛素"加入水中，发现

郁金香芋螺

斑马鱼的幼鱼运动能力明显降低！这表明，这种"胰岛素"
可以通过鳃被鱼吸收并发挥作用！

　　芋螺玲珑小巧，但其毒足以致命。芋螺，无疑是珊瑚
礁中无二的"绝命毒师"！它们含有的毒素不单单使它们
成为珊瑚礁中的生存赢家，还启发人们在医学研究领域开
辟出一片新天地，进而造福我们人类。而芋螺美丽的壳，
也赢得了不少收藏家的厚爱。

郁金香芋螺壳

"妖艳毒妇" ——海蛞蝓

海蛞蝓拥有华丽的"衣衫"。即使在"众美"云集的珊瑚礁地带，妖娆的海蛞蝓也显得尤为出众。而这衣衫，正是它们对外的警示："小心，我有毒！"

海蛞蝓只是一个通俗的泛称，可以指代许多海生异鳃类生物，包括裸鳃目、海鹿形目、囊舌目等。再广一点，海蛞蝓甚至可指代一些海生涡虫类。

异鳃类属于腹足纲中更为进化的类群。它们的身体经历了反扭转，壳退化甚至消失，外套腔及本鳃也趋于退化或消失，同时又重新出现了两侧对称。裸鳃目生物的本鳃完全消失，代之以次生性的皮肤鳃即裸鳃呼吸，因而得名，如赤蓑海牛、溅斑多彩海牛等。囊舌目的成员因都具有一个可以储存退掉的陈旧齿的齿舌囊，故而得名。这一类群的齿舌皆为单排，能够刺穿藻类的细胞以取食细胞液。囊舌目的许多成员都有一种特殊能力——光合作用。它们可以从所摄食的藻类中获取叶绿体，将其储存起来"为我所用"，制造有机物，给自己"充电"。海鹿形目，旧称无楯目。这一类群的代表生物，就是海兔科的成员。

这些华贵而慢性子的"贵妇"，为了在这缤纷而险恶的珊瑚礁"王国"中生存，选择了最适合自己的方式——藏毒。它们体内的毒素，来自它们的食物的慷慨赠予。

大西洋海神海蛞蝓

能进行光合作用的指状棍螺　　　　　　　　**叶海牛**

　　裸鳃目的海牛亚目中，许多种类以海绵为食，如叶海牛、安娜多彩海牛、地母多彩海牛。它们能够将所取食的海绵中的毒素积累在体内，从而使自己成为美丽的"毒妇"。与之相似，玳瑁，唯一一种以海绵为食的海龟，同样可以将海绵的毒素储存在体内。过去还曾发生过人们因取食玳瑁肉而大规模中毒的事件（如今，玳瑁为国家保护野生

安娜多彩海牛

地母多彩海牛

枝鳃海牛

动物，禁止一切捕捞和饲养行为）。除了利用海绵毒素，叶海牛体内还保留有大量的来自海绵的微小骨针。这些骨针同样会让捕食者食欲大减。

裸鳃目的枝鳃亚目的成员，则多以各种水螅甚至珊瑚虫为食。这些小"猎手"能够"收缴"水螅或者珊瑚虫用以防身的刺细胞，储存在枝鳃顶端的囊中，作为自己的秘密武器。遇到危险时，它们会重新释放这些有毒的刺细胞，击退捕食者。

囊舌目成员及海鹿形目的海兔都是温和的"草食系"。它们多以藻类为食。这些海蛞蝓可以"改造"所取食的藻类中的化学物质。这些物质经过二次代谢后，可以作为"化学武器"发挥御敌保身的作用。例如，遇到危险时，某些海兔会释放紫色物质，囊舌目的布氏叶鳃螺则能释放白色黏稠液体。这些液体既能使想要吞食它们的鱼放弃，也能逼退海葵满是有毒的刺细胞的触手。

海蛞蝓外表雍容华贵，它们充分而有效地利用食物中的物质，将自己"武装"成了不可轻易招惹的"毒妇"。

有毒的头足动物

　　头足动物，可都是响当当的"名角"：柔若无骨的章鱼，变色能手乌贼，"活化石"鹦鹉螺，敢于和抹香鲸搏斗的大鱿鱼——大王乌贼……这些头足动物中，不少还带有"暗器"——毒素。

　　大名鼎鼎的蓝环章鱼，就是用毒高手。

　　不同于巨大的北太平洋巨蛸，蓝环章鱼是一群小巧的猎手。它们分布于太平洋和印度洋的温暖水域，我国南海和台湾海域就有分布。

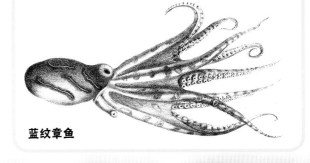

蓝纹章鱼

　　目前蓝环章鱼属共有 4 种（包括一个未确定种）：大蓝环章鱼、南部蓝环章鱼（或称小蓝环章鱼）、蓝纹章鱼和名叫"*Hapalochlaena nierstraszi*"的章鱼。

大蓝环章鱼

南部蓝环章鱼

通常情况下蓝环章鱼较为温顺，除捕猎外不会主动出击，也不会时刻炫耀那明亮的蓝色圆环，而是利用体表的色素细胞，低调地将自己隐藏在环境中。它们只有在被激怒时才会将体色转变为鲜艳的亮黄色，并展现出醒目的蓝色圈状花纹。因这花纹看起来像是豹纹图案，故它们也被称为"豹纹章鱼"。这一显眼的图案是在警告对方："我有毒，别惹我！"

它们一般不会主动出击。通常，出现人被蓝环章鱼攻击的事件，多是因为受害者没有注意到它们，不小心踩到或是手扫到它们身上，遭到蓝环章鱼的反击。因为蓝环章鱼储存墨汁的墨囊退化，且人被咬后感觉轻微，所以有时候人被蓝环章鱼咬到却不会及时察觉。

蓝环章鱼所含的毒素是一种强力的神经毒素。最早，这种毒素被认为是蓝环章鱼自己制造的，被命名为蓝环章鱼毒素。然而，之后的研究证实，蓝环章鱼含有的其实是河鲀毒素。这一毒素由蓝环章鱼唾液腺中的共生细菌产生。毒液会由唾液注入被咬猎物体内。毒素能够阻断肌肉的钠离子通道，致使肌肉瘫痪，导致呼吸衰竭和心脏停搏。

虽然蓝环章鱼体态娇小，但单个成体所积累的毒液量也足以致数人死亡！加之并没有针对此毒素的抗血清，受害者只能不停地接受心肺复苏治疗，直至毒素在体内自然代谢稀释。

蓝环章鱼因其明艳的外表，成了观赏水族界的抢手货。不过它们的寿命只有不到一年，加之其剧烈的毒性以及对生活条件较为严苛的要求，不推荐没有经验的朋友尝试饲养。

火焰乌贼

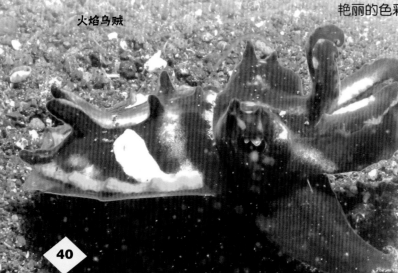

头足动物中会用毒的可不止蓝环章鱼。火焰乌贼亦是用毒高手。它们也是目前已知乌贼科唯一带毒的种类。

火焰乌贼隶属于花乌贼属。它们的分布地与蓝环章鱼有一定重叠，只是更喜欢热带海域。

与其他乌贼不同，火焰乌贼的内骨骼较小，无法支撑其在水中长时间游泳。因此，它们常常利用腕足以及外套膜众多突出的鳍状物帮助自己在海底漫步。在乌贼科中，这一行为也是独一无二的。

与蓝环章鱼相同，火焰乌贼平时也善于伪装。在遭到惊扰时，火焰乌贼会在体表、触手和头部快速闪烁黑色、深褐色、白色与黄色的斑纹，触手前端变为鲜艳的血红色，宛如火焰一般，故而得名。这艳丽的色彩也是在告知着对方自己带有剧毒，可"远观而不可亵玩"。火焰乌贼含有的毒素也是河鲀毒素。不过不同于蓝环章鱼的是，火焰乌贼的毒素是存在于肌肉中的。

仿乌贼

除了蓝环章鱼和火焰乌贼这两位"表兄弟"外，头足动物中还有一种更有趣的带毒的小家伙。它们的策略是穿一身有毒的"外衣"。它们就是仿乌贼。仿乌贼全身有着深棕色的纵条纹，因此被形象地称为条纹睡衣乌贼。这是一种产于澳大利亚沿海的小型头足动物。

仿乌贼属于拟耳乌贼科（后耳乌贼科）仿乌贼属。它们的纵条纹，是由一个个色素细胞形成的小点连接而成的。这些显眼的条纹并非起警示的作用，反而是层"隐身衣"。这些条纹使仿乌贼本身的轮廓看起来凌乱而模糊，让其融入环境，从而逃离捕食者的视线。若是这种伪装被捕食者识破，仿乌贼便会上毒"伺候"啦。这些小家伙装备有大量能够分泌黏液的腺体，而分泌出的黏液则带有一定的毒性，正可谓"身着毒衣退其敌"。

有毒的鱼类

　　繁华的珊瑚礁海域，其实是一片风起云涌的"江湖"，各路"英雄豪杰"在此处各显神通。有的擅长"舞刀弄斧"，依靠尖牙利齿、或如锤头或如镰刀的大螯，与对手厮杀；有的擅于潜行藏踪，凭借变化多端的体色，在"闹市"中隐于无形。在所有绝技中，最令人闻风丧胆的还是用毒。

　　珊瑚礁海域中有很多鱼是用毒的高手。它们有的天生带毒，有的巧妙地积蓄了摄入的共生菌所制造的毒素。这些身藏毒素的家伙在珊瑚礁海域鲜有敌手。谁愿意为了口腹之欲丢掉性命呢？

　　在珊瑚礁海域，有个"毒名昭著"的家族——毒鲉科。毒鲉大多长相奇特，像一块落满灰尘、长满藻类的石头，隐没于环境中，一副懒散邋遢的样子。它们的伪装甚至可以骗过很多老练的渔夫的眼睛。可是这些"其貌不扬"的毒鲉，有着毒性剧烈的神经毒素。

　　毒鲉科成员不多，大概也就几十种，但个个是一等一的杀手。丝状鬼鲉、双指鬼鲉、玫瑰毒鲉、单指虎鲉……这一个个"凶神恶煞"，令"鱼"闻风丧胆。绝大多数时间，它们都低调地埋伏着。这些经验老到的杀手有着足够的耐心，可以在珊瑚礁海域的某个毫不起眼的位置等待很久，只是为了一条当作美餐的小鱼。

丝状鬼鲉

双指鬼鲉

它们的背鳍有坚硬锋利的鳍棘，而在这些硬棘的基部，则是存有致命毒液的毒腺。毒鲉的食谱并不复杂，大多是一些小鱼、小虾。毒鲉的硬棘和毒液并不用于捕食，而是用来保护自身。当一些"不长眼"的捕食者张开血盆大口准备吞食毒鲉时，毒鲉的这些硬棘会让它们见识到"毒"不虚传，使它们成为"棘下亡魂"。若是有不细心的人踩上去，这些硬棘能轻松穿透厚厚的鞋底，将毒液注入人体。被这些硬棘刺中的人会感到头晕、头痛、恶心、呕吐，如果不及时治疗，很快就会死亡。

玫瑰毒鲉

　　和毒鲉科同属鲉形目的鲉科，也有着不少狠角色。鲉科蓑鲉属的蓑鲉，"江湖"人称"狮子鱼"，是一类勇猛好斗、无所畏惧的家伙。它们白天行动缓慢，夜晚却精神抖擞，在海水中巡游，寻找小型鱼儿果腹。

触角蓑鲉

横带扁背鲀

和其貌不扬的毒鲉不同，蓑鲉的长相配得上"狮子鱼"这个俗名。它们有着显眼的甚至令人眼花缭乱的斑纹。在珊瑚礁海域常见的翱翔蓑鲉，顶着"魔鬼蓑鲉"的名号，甚至可以张开自己发达的胸鳍困住猎物。

和毒鲉一样，蓑鲉背部的毒棘是它们强大的自卫武器。这些好斗的生物在遇到威胁的时候会把自己的背部朝向敌人，以此逼退或者杀伤敌人。不过蓑鲉的毒性要比毒鲉差得多。蓑鲉的毒液会引起剧烈的疼痛和红肿等症状，但一般不会导致人的死亡。

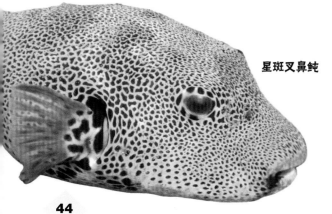

星斑叉鼻鲀

还有一些鲀形目的鱼，也生活在珊瑚礁海域。它们大多外表憨态可掬，却是不可轻易招惹的"狠毒"角色。

鲀科鱼俗称河鲀，但实际上，只有少数鲀科生物可以在淡水中生活，大部分生活在海洋里。河鲀的内脏含有非常危险的河鲀毒素，而这种毒素的毒性是氰化物的1250倍以上。河鲀毒素被人体吸收后迅速作用于神经末梢和神经中枢，可高选择性和高亲和性地阻断神经钠离子通道，阻碍神经传导，从而使人神经麻痹而死亡。据说，只要 0.5 毫克河鲀毒素就能把一个成年人置于死地。有研究表明，河鲀毒素并不是河鲀自己"制造"的，而是由假交替单胞菌属的细菌产生的。海水环境，如海

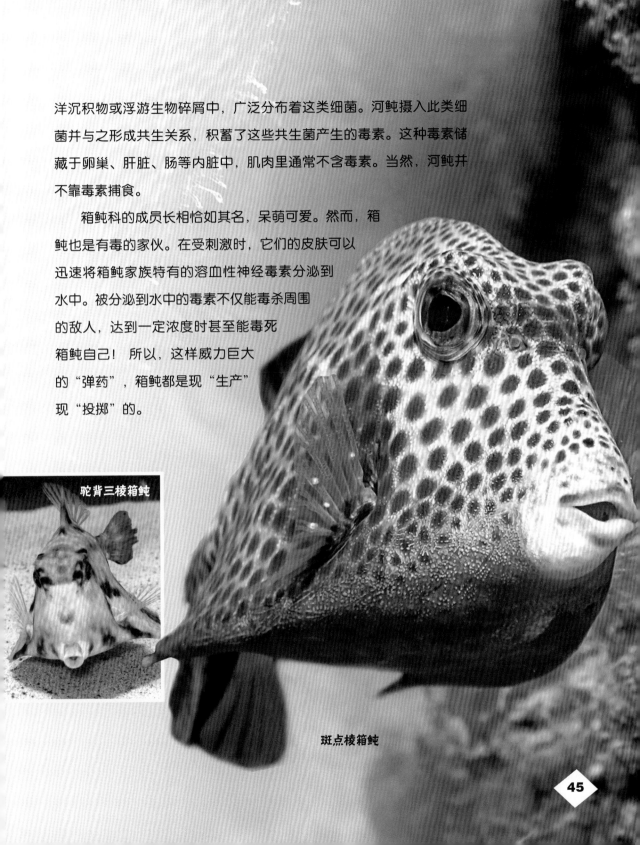

洋沉积物或浮游生物碎屑中，广泛分布着这类细菌。河鲀摄入此类细菌并与之形成共生关系，积蓄了这些共生菌产生的毒素。这种毒素储藏于卵巢、肝脏、肠等内脏中，肌肉里通常不含毒素。当然，河鲀并不靠毒素捕食。

　　箱鲀科的成员长相恰如其名，呆萌可爱。然而，箱鲀也是有毒的家伙。在受刺激时，它们的皮肤可以迅速将箱鲀家族特有的溶血性神经毒素分泌到水中。被分泌到水中的毒素不仅能毒杀周围的敌人，达到一定浓度时甚至能毒死箱鲀自己！所以，这样威力巨大的"弹药"，箱鲀都是现"生产"现"投掷"的。

驼背三棱箱鲀

斑点棱箱鲀

繁育有策

亦雌亦雄

有些珊瑚礁鱼儿有着奇异的本领——性别转换，生物学上称性逆转或性反转。

自然界中雌雄同体的鱼大约 400 种。这些鱼中，大多数精巢和卵巢成熟不同步。有的精巢发育快于卵巢，性成熟的鱼表现为雄性，只排精，不产卵；在一定条件下，精巢逐渐萎缩，卵巢发育成熟，变为雌鱼。鲷科的黄鳍鲷等属于"雄性先熟"这一类型。也有的雌雄同体的鱼是"雌性先熟"，也就是卵巢比精巢发育更快，性成熟的鱼先表现为雌性；产卵后，在一定条件下可以转变为雄性，比如大部分石斑鱼。

小丑鱼，指的雀鲷科海葵鱼亚科的鱼。小丑鱼过着群居的生活，一个家族的小丑鱼住在同一簇海葵中。小丑鱼家族由一条雌鱼、十几条雄鱼和一些幼鱼组成，是典型的"母

阿氏双锯鱼

二带双锯鱼

系氏族"。这个家族有着森严的等级制度。
唯——条雌鱼是这个家族的"女王"，也
是这群小丑鱼中体型最大的一条。雄性小
丑鱼负责保卫领地、保护鱼卵和幼鱼、清
洁家园等工作。虽然雄性不少，但是只有
最大一条才拥有和"女王"交配的机会，
传下自己的基因。小丑鱼的卵必须依附在
某处孵化，有个安全稳固的"窝"，而柔
软飘逸的海葵并不是良好的附着点。如果
它们居住的海葵恰巧在岩石旁的话，岩石
当然是良好的"产房"。如果周围没有坚
硬的岩石，雄鱼便会外出寻找合适的"产
房"并带回来。小丑鱼宝宝孵化后，并不
会留在家中，而是去闯荡海洋，自立门户。

眼斑双锯鱼

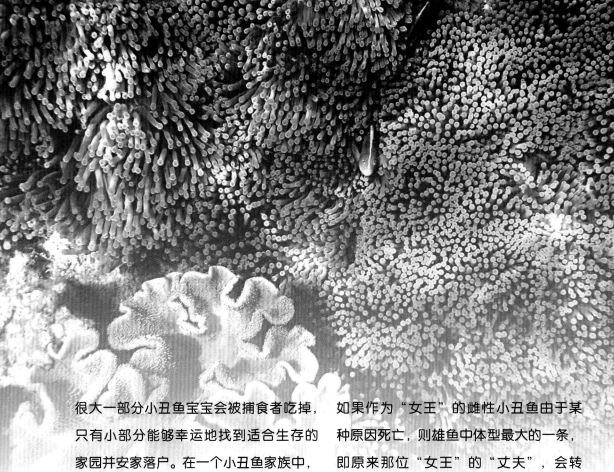

很大一部分小丑鱼宝宝会被捕食者吃掉，只有小部分能够幸运地找到适合生存的家园并安家落户。在一个小丑鱼家族中，

如果作为"女王"的雌性小丑鱼由于某种原因死亡，则雄鱼中体型最大的一条，即原来那位"女王"的"丈夫"，会转变成为雌性，接替"女王"的位置。它会在几个星期内拥有雌鱼的性功能，开始作为雌鱼进行繁殖，但它的外形和体色则还需要一段更长的时间来转变。

隆头鱼科的成员也有性逆转行为。隆头鱼多生活在热带、亚热带海域，共有80 余属超过 600 种。大多数隆头鱼不足20 厘米长，最大的一种隆头鱼可长达 2.5米。与小丑鱼不同，自然情况下，隆头鱼通常先发育为雌性。而在一定条件下，群

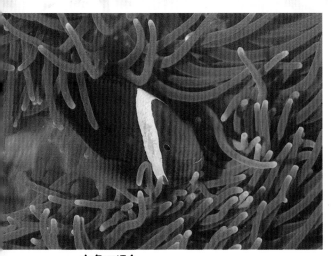

白条双锯鱼

金黄突额隆头鱼

体中最大的那条雌鱼会变为雄性。在实验室条件下，也观察到了隆头鱼从雄性变为雌性的现象。金黄突额隆头鱼"一夫多妻"。

雄鱼体型比雌鱼大得多，额头高高突起，下巴十分肥厚、突出，像是神话里的寿星老儿。雄鱼在自己的领地巡游，并与领地里的雌鱼交配。群体中最大的雌鱼长到一定程度，便会躲起来。它体内雄性激素开始占上风，身体发生巨大的变化：几个月后，它将长出异常突出的额头、巨大的下巴，体重也会增加。每片领地中只能有一条雄鱼，因此性逆转后的新的雄鱼将寻找新的领地或者与领地本来的主人展开激烈的决斗。

石斑鱼家族中，大多数成员雌雄同体，

金黄突额隆头鱼

玳瑁石斑鱼   **龙胆石斑鱼**

先发育成雌性。雌鱼发育到一定年龄，在一定情况下，可以自然发生性逆转，变为雄性。但是，目前尚未发现变为雄性的石斑鱼有再次发生性逆转，成为雌性的现象。

人的性别是由性染色体决定的，从受精卵形成那一刻基本就注定了。而研究表明，鱼的性别分化受不同染色体上多个基因的影响。某些鱼在个体发育过程中，其性别表征具有可塑性。人类中，女性也产生雄性激素，只是水平远远低于男性的水平。如果女性的雄性激素水平高，就会出现体毛浓密等某些男性性征。男性也是一样的。对于鱼类，性激素显著影响了性器官的发育和性别决定。有人认为激素可以调控某些基因的表达，进而影响鱼的性别表征。研究发现，鱼在性别转换的过程中，血液中的类固醇激素含量会有明显的变化，这可能是鱼性别转换的关键，但是具体机制还不明确。腺垂体激素（主要指垂体促性腺激素）、下丘脑激素（主要指促性腺激素释放激素）也在这个过程中发挥着作用。另外，关于鱼的性别转换，在分子水平上的研究也有很多，且取得了不少重要的成果。然而，要弄清楚这个过程具体是如何实现的，还需要更深入的研究。

血浓于水

很多海洋生物采取大量"播种"的繁殖方式，且任受精卵随波逐流、生死由天，以数量博取族群繁衍发展的机会。然而，海洋中也生活着一些"模范父母"，努力承担起育幼的责任。

海洋世界中，最著名的"超级奶爸"莫过于海马了。海马是海龙科海马属所有生物的统称。全世界有 30 余种海马，中国大陆沿海有 8 种。大多数海马分布在大西洋和太平洋温暖的沿岸海域。它们身长从数厘米至 30 余厘米不等，是一类小型海洋动物。海马头侧扁，与躯干成直角；吻部突出，呈管状；腹部圆滚滚的；尾部细长，有 4 条棱，常呈卷曲状。它们全身披挂由骨板组成的"铠甲"，有一个没有硬棘的背鳍，没有腹鳍和尾鳍。海马的头部和马有些相似，背鳍也有些许像马的鬃毛，因而得名。海马虽然长得和我们常见的鱼不太像，但人家可是"正儿八经"的硬骨鱼。话又说回来，这种"正儿八经"的鱼可并不擅长游泳。海马只能保持直立的姿势，大多依靠背鳍的高频率摆动来推着自己前进，同时通过改变鳔中的含气量，来实现上浮或下沉。平时，海马会用自己的尾巴钩住海藻休息，防止被水流冲走。

雄海马性成熟之前，身体会出现一些有趣的变化：尾部腹面两侧会各形成一个皮褶，这两个皮褶会不断延长，直至连接、愈合在一起。这就是雄海马的"子宫"——

雌刺海马　　　　　　雄刺海马

在泡叶藻上的欧洲海马

孵卵囊。到了海马的繁殖季节，雄海马与雌海马会通过长达数天的"约会"相互了解和适应。这期间，海马"夫妻"尾部会抓住同一叶海草或缠绕在一起"并肩"同游；雄海马会向雌海马展示自己空空的孵卵囊；两者还会面对面，边上浮边转圈地共舞。终于，雌海马通过排卵器把成百上千的卵排到雄海马的孵卵囊中。雌海马"臃肿"的身材因此变得纤细。排完卵之后，雌海马就会转身离开，后续的工作就交给雄海马来完成。进入孵卵囊的卵受精，受精卵附着在孵卵囊壁上逐渐发育。和其他卵生生物一样，海马胚胎的大部分营养由卵黄提供。不过，雄海马也会力所能及地给海马宝宝更多的关照。雄海马的孵卵囊壁有着丰富的毛细血管，可以给胚胎提供必要的氧气、高能的脂类和有助于海马宝宝骨骼系统形成的钙质，甚至还能调节孵卵囊内的渗透压。整个孵卵期间，雌海马都会心系宝宝，在每个清晨前来"探望"。

巴博海马

　　海马宝宝会在这个孵卵囊中发育 2~4 个星期。之后雄海马会调整孵卵囊中的渗透压，让小海马逐渐适应海水，然后就会将小海马以"喷射"的方式"分娩"出来。从这一刻开始，小海马就要自己去闯荡"江湖"了。在繁殖季，结束"分娩"的雄海马数天甚至数小时后便会开始下一次"婚配"和"生产"过程。小海马的成活率只有 0.5% 左右，但在海洋生物中，这已经算是非常高的了。对此，海马爸爸的细心照顾功不可没。

一对海马"夫妻"

交尾中的海马

后颌䲁是一类很有趣的鱼，在沙质或碎石底质的海底挖洞穴栖居。它们最明显的外部特征就是长着一对朝前的眼睛和一张大嘴。这张大嘴开裂到了眼后缘下方。它们以微小的浮游生物为食，而大嘴可以帮助它们一次兜住大量食物。在繁殖季节，雄性后颌䲁的大嘴还有着特殊的用途。卵受精后，雄性后颌䲁会将受精卵收集起来，含在嘴里随身携带，并通过水流为受精卵增加氧气，直到后颌䲁宝宝孵化出来。这期间，雄性后颌䲁不吃不喝。所以，雄性后颌䲁算得上尽职尽责的好爸爸了。

黄头后颌䲁

五带豆娘鱼

　　雄性五带豆娘鱼也是珊瑚礁海域有名的好爸爸。雌性五带豆娘鱼一次会产下约20万粒卵。之后，雄性五带豆娘鱼会守护在卵的旁边长达160多个小时，并不断地扇动胸鳍为卵提供氧气，直到小鱼孵出为止。此期间，雄性五带豆娘鱼的身体变得更蓝而且攻击性很强。有趣的是，在求偶时，雄性五带豆娘鱼有时会做出伸展并扇动胸鳍的动作，来证明自己更有可能成为优秀的父亲，而这样更有利于它们找到合适的伴侣。

　　在生存博弈中，海洋动物的繁育策略不尽相同，没有高下优劣之别，都是对自然的适应，以保证族群的延续。

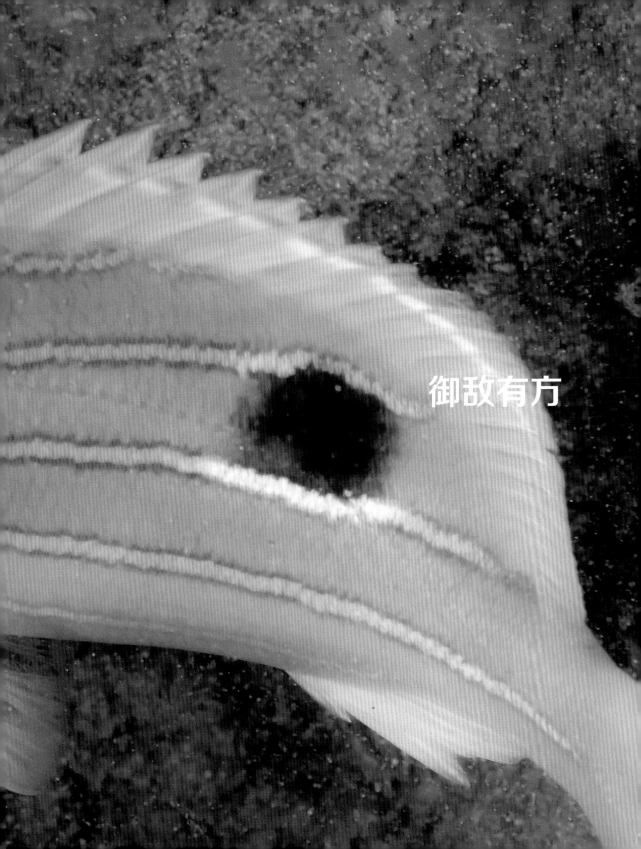
御敌有方

坚盾保护

钢铁侠利用自己掌握的科学技术，给自己打造了一身钢铁战衣，让自己从一个普通人成为刀枪不入的超级英雄。在海洋中，多数软体动物（即贝类）也拥有属于自己的"战衣"，以此提高自己的生存概率。这些软体动物包括掘足纲（如大角贝）、多板纲（如红条毛肤石鳖）、双壳纲（如中国蛤蜊）和部分腹足纲（如玛瑙拟枣贝）的种类。它们虽然都拥有坚硬的外壳，但在形态上并不相似。

腹足纲生物的壳大多呈螺旋状，像是由一圈一圈盘起来的管子垒成的；也有少数成员的壳的螺旋部不明显，如宝贝科的生物。螺类的壳只有一个口，它们躯体的大部分藏在壳内，只有头部和足部露在壳外。而一旦遇到危险，它们会先把头部缩进壳内，再把足部对折，也缩回壳内，保护自身，抵御敌人的攻击。腹足纲生物碳酸钙质的壳十分坚硬，绝大多数海洋生物都无法咬碎。然而也有些生物会通过螺壳唯一的开口——壳口，把它们柔软的躯体扯出壳，进而享用美味。比如被称为"白住房"的寄居蟹，就会吃掉螺壳的主人，将螺壳据为己有。不过，很多螺类的足部后端背面长着一块角

蝎尾蜘蛛螺

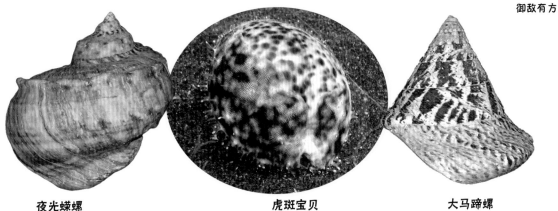

夜光蝾螺　　　　　　　　虎斑宝贝　　　　　　　　大马蹄螺

质或者石灰质的板，称为厣。厣的大小与形状和螺的壳口几乎吻合。当螺把自己的躯体完全缩进壳内时，厣会盖住壳口。这样，大多数生物都不会去尝试吃掉它们。并不是所有腹足纲生物都有可以容身的坚实的"房子"。比如，海鹿形目的海兔在成年之后，壳会退化，包裹在身体之内。

法螺

双壳纲生物最大的特点就是有两枚大致对称的壳。双壳纲的成员非常多，以海洋为家的就有8000多种，其中有很多生活在珊瑚礁海域。双壳纲生物生活方式多种多样。有些"热爱自由"，甚至是"游泳健将"；比如扇贝，就会通过不断开闭自己的壳，将水流向后喷出而在海水中自由移动。不过，大多数双壳纲生物是"宅贝"。有些成年后"寸步不移"，营固着生活；有些甘当"隐士"，埋栖于海底泥

以法螺壳为家的真寄居蟹

沙等底质中；另有些乐于"蜗居"，会凿木或凿石潜居。大多数双壳纲生物都有两块闭壳肌，能够将两枚贝壳紧紧地合在一起，而且为了尽量减少能量的消耗，闭壳

长砗磲

华贵栉孔扇贝

肌可以长时间保持紧张的状态。这样，双壳纲生物也就长时间处于比较安全的状态下了。扇贝则不同，它们的一块闭壳肌退化，但存留的一块闭壳肌强而有力，所以扇贝可以利用壳的开合来"跑路"。人们煲汤常用的瑶柱就是双壳贝类（大多是扇贝）的闭壳肌。

多板纲的小家伙们背着由 8 块壳板组成的坚硬"盾牌"，把自己柔软的躯体藏在"盾牌"之下。不过它们的"盾牌"并不能完全罩住自己的身子，因此在最外圈会形成由肌肉组织构成的环带。它们常常匍匐在礁石上缓慢移动，大多以藻类为食。一旦感觉到威胁，它们就会紧紧吸附在底

质上。即使是人类，在没有工具的情况下，也很难把它们取下来。

掘足纲的生物种类相对较少，外表也和常见的软体动物不大一样。它们大多呈管状，有些像两头开口的缩小版象牙。开口大的一端是掘足纲的"头部"，此开口称为头足孔；而开口小的一端则是"尾部"，

此开口称为肛门孔。掘足纲生物有着和它们名字相匹配的特点，即擅长挖掘泥沙。它们伸出伸缩性很强的足，插入泥沙，然后将身体拉进泥沙，只留尾部在外面。

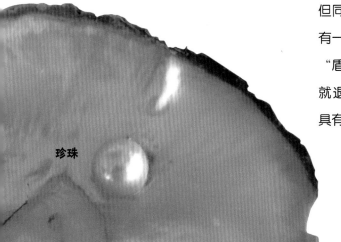

蟹守螺

那么，这些生物出生时就携带着坚硬的"盾牌"吗？并不是。软体动物是卵生动物，受精卵会快速分裂并逐渐分化，形成胚胎。具有一定运动和摄食能力的软体动物幼虫会从海水和食物中汲取钙质，然后以其为材料合成壳。幼虫要经历一次变态，在外部形态、内部构造、生理机能和生态习性等方面都发生相当大的变化，才长成人们所熟悉的样子。

软体动物的壳分为 3 层。最外层是主要由贝壳素构成的壳皮层（也叫角质层），薄而透明，具有色泽。壳皮层的主要作用是保护壳不受酸、碱的腐蚀。在壳皮层之下是棱柱层和壳下层，这两层的主要成分都是碳酸钙，但晶体结构不同。棱柱层主要由致密的方解石构成，壳下层则主要是霰石。外套膜上有一类特殊的细胞，它们可以分泌蛋白质和钙化合物。"造房子"的工作就由外套膜负责。外套膜的边缘负责"建造"外面两层——壳皮层和棱柱层，所以随着软体动物的生长，壳皮层和棱柱层的面积逐渐变大。皮下层则由整个外套膜分泌而成，随软体动物的生长，厚度增加。对于某些软体动物，如果有微小生物、沙粒等异物进入了外套膜与壳之间，异物会刺激外套膜细胞分裂、内陷并不断分泌霰石将异物包裹住，形成珍珠。

虽然壳给软体动物提供了强大的保护，但同时也限制了它们的运动能力。因此，有一些软体动物选择放弃体表这层坚硬的"盾牌"。比如头足纲的乌贼，它们的壳就退化而埋于体内，而章鱼连内壳也不具有。

珍珠

妙用眼斑

蝴蝶鱼科是鲈形目的一个科，共有 129 种。蝴蝶鱼体形扁平，侧面观接近菱形或者卵圆形，而且大多色彩鲜艳，有着美丽的花纹，像是一只合着翅膀的蝴蝶，因此得名。

蝴蝶鱼是珊瑚礁海域经常出现的小型鱼儿，大多数体长十几厘米，最长的也不过30 厘米。它们既没有毒液，也没有变色的能力，尤其是在幼体时期，连游泳速度也不是很快，很容易沦为别的生物的腹中餐。不过蝴蝶鱼也不是没有对策，要不然它们怎么能在凶险的珊瑚礁海域生活呢？

蝴蝶鱼幼鱼的头上有一块骨板，这块骨板从头部向后延伸，不仅保护住了蝴蝶鱼的头部，而且能够覆盖住蝴蝶鱼幼鱼身体的大部分。蝴蝶鱼的生存概率因此有所提高。

不过这招的作用实在有限。你想想，我们没有听说过哪种海洋生物吃鱼还吐骨头吧？蝴蝶鱼幼鱼的那块骨板不足以保障它们的安全。它们还有妙招。

许多蝴蝶鱼幼鱼的尾部或躯体后部偏上方，会有一个黑色的圆形斑点，非常醒目，像极了鱼眼，称为眼斑。而有的蝴蝶鱼眼睛又被一黑色条带所遮掩。于是，这块眼斑很容易被捕食者当成蝴蝶鱼的眼睛，使得捕食者混淆蝴蝶鱼

新月蝴蝶鱼

的头尾。如果捕食者不够大，不能一口吞掉蝴蝶鱼的话，大多数会选择攻击它们的头部，因为这样更容易导致蝴蝶鱼的死亡。受眼斑迷惑的捕食者冲向蝴蝶鱼的尾部，让蝴蝶鱼获得了反应和逃跑的宝贵时间。虽然蝴蝶鱼可能会被咬伤，但是起码保住了性命。

不少蝴蝶鱼随着年龄的增长，尾部的眼斑会消失，但是几乎所有的眼部有黑色条带的蝴蝶鱼都会保留这一特征。

镜斑蝴蝶鱼

四斑蝴蝶鱼

拥有迷惑性的眼斑不是蝴蝶鱼的独门绝技。其实，在珊瑚礁海域，拥有眼斑的鱼不在少数，比如和蝴蝶鱼同属鲈亚目的五线笛鲷，也拥有着一对漂亮的眼斑。

对了，除了海洋中的生物，陆地上的生物也有用眼斑来保护自己的，这其中就有大名鼎鼎的"冷血杀手"——眼镜蛇。有的眼镜蛇的头部背面有着巨大的眼斑，看起来就像是圆睁的怒目。想从后面袭击眼镜蛇的生物很有可能被这只巨大的"眼睛"所吓退，眼镜蛇也就没有了"后顾之忧"。

三头六臂

在中国古代神话中，哪吒有着 3 个头颅和 6 只臂膀；而孙悟空则更加强大，头、胳膊等被砍掉后还能再长出来，可谓法力无边了。

在珊瑚礁海域，也有很多生物拥有着不俗的再生能力，即使被砍掉"胳膊"或"腿"，剖"心"刳"肺"，也不会死亡。一段时间后它们还能再长成完整的个体。

海参是海参纲生物的统称。海参纲是个大家族，全球有超过 1700 种海参。从浅海到深海，从近海到远海都有海参分布。尤其在深海的海床上，能发现大量的海参。它们无论在体型还是相貌上都有着比较大的差异。大多数海参体长都在 10~30 厘米，但最小的海参只有大约 3 厘米长，而最长的海参可以超过 3 米。

海参的呼吸系统非常有趣，它们并没有肺或者鳃，而是拥有一套被称为呼吸树的结构。海参的肛门附近有一个膨大的空腔，称为泄殖腔。在泄殖腔与肠交界处，向两侧发出一对细管，主干与泄殖腔相连。这对细管后面逐级不断分支，形成两个树状的结构。这对树状结构是海参特有的呼吸器官，叫呼吸树。海参在呼吸时，通过泄殖腔和呼吸树的收缩与膨胀，将海水从肛门吸入或排出呼吸树。在这个过程中，海参将海水中的氧气吸入体内，并排出代谢废物（包括产生的含氮废物）。

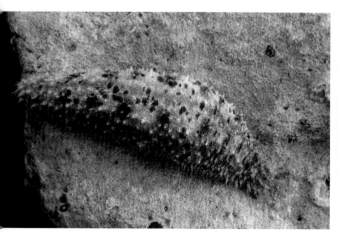

豹斑海参

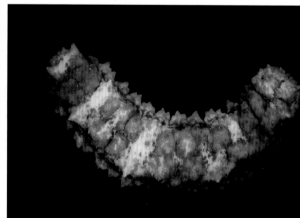

糙海参

在某些海参的呼吸树基部，有着数目不等的白色或粉色的管状结构，其中带有黏液。这个结构被称为居维尔氏器，是海参的防御器官。当海参遇到危险的时候，它们就会将这些带有黏液的居维尔氏器通过肛门排到体外，迷惑和缠住袭击者。有些海参在排出居维尔氏器时还会释放毒素，增强对被缠住的生物的杀伤力。而海参就可以趁袭击者对付这些居维尔氏器时溜之大吉。在几周的时间内，居维尔氏器会重新生长出来。有的海参甚至可以将呼吸树、消化道、生殖腺等内脏连同居维尔氏器一同排到体外。这个时候，捕食者大多会被这些高蛋白的"美食"所吸引，从而放弃追捕海参。而海参即使失去了所有的内脏，也不会死亡。过一段时间，它们会重新拥有这套"装备"。有些种类的海参，比如硬瓜参和赛瓜参，即使被切成两段，也能够获得重生。有趣的是，这些海参再生的关键似乎是泄殖腔。也就是说，保留泄殖腔的部分能够再生成完整的个体。

海参的进食方式一般有两种。有的海参（如瓜参等）的触手前段带有黏液，可以将悬浮在海水中的有机质或浮游生物等

棕环海参

虎纹海参

粘住，然后送进口中。而另一类海参（如刺参等）通常生活在泥沙质海底，它们的进食方式就没有那么"精致"了。它们会将海底的有机质连同沙子一起吃掉，吸收完其中的有机质后再将不能吸收的部分排到体外。

还有一类具有超强再生能力的生物是海星。海星纲也"枝繁叶茂"，大约有1900种成员，分布同样广泛，其踪影遍及潮间带到深海。

大多数海星有5条腕，连在一个中央盘上。不过，有的海星腕非常短，几乎看不出来，就像一个五边形，比如面包海星。也有些海星拥有5条以上的腕。比如，太阳海星的腕可多达40条。和海参一样，

海星也依靠腹面的管足在海底爬行。它们还可以利用管足来捕食。

有些海星的腕是可以再生的。如果被咬住一条腕，它们会毫不犹豫地"壮士断腕"。不同海星的再生能力不同。有些海星的再生，依赖中央盘的存在。也就是说，即使这些海星被"五马分尸"，它们也不一定会死亡，反而会变得"更强"，因为带有一部分中央盘的断腕可以获得重生，成长为一只完整的海星。而有些海星，比如指海星，即便不带有中央盘，其单独的一条断腕也可以生长为一只完整的海星。

在吃双壳纲生物的时候，海星有着独有的开壳技巧。它们会趴在双壳纲生物身上，首先用管足上的吸盘紧紧吸住双壳纲生物的两枚壳，用力拉开一条缝隙。然后，海星会趁机将自己的贲门胃吐进壳内，接

黑海参

赤丽棘海星

着分泌消化酶将猎物杀死。最后，海星就可以不紧不慢地用自己的贲门胃包裹住双壳纲生物柔软的躯体，享用美食了。

　　大嘴海蛞蝓的长相有点像被压扁了的圣诞树，不过它们的"树枝"可有着特别的用途。当凶恶的捕食者袭来时，大嘴海蛞蝓的"树枝"就会主动从"树干"上脱落，像是战斗机上的诱惑导弹一样，吸引捕食者的注意。大嘴海蛞蝓趁机逃之夭夭，而"树枝"会在一段时间后重新生长出来。

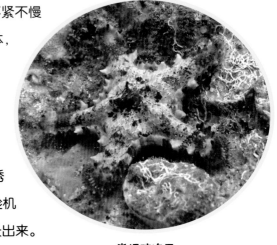

脊锯腕海星

　　还有很多海洋生物也拥有不俗的再生能力，如水母、乌贼等，这个功能让它们在海洋中的生存概率提高了不少。

大嘴海蛞蝓

驼背大鹦嘴鱼

铁齿铜牙

在珊瑚礁海域，食物非常丰富，从微小的浮游生物到种类繁多的软体动物、甲壳动物和五颜六色的鱼儿。所有来到这里的海洋生物都有机会填饱肚皮，但同时也很容易成为其他海洋动物的腹中之物。在这个"美食之都"，有一类鱼的饮食习惯与众不同。它们是鹦嘴鱼——鹦嘴鱼科的生物。

鹦嘴鱼家族庞大，共有近百种成员。它们的体型相差很大，小的如蓝唇隐鹦嘴鱼，最大也就 10 余厘米长，而大个头的鹦嘴鱼如驼背大鹦嘴鱼甚至能达到 1.3 米长。几乎所有的鹦嘴鱼都生活在热带或亚热带海域，而珊瑚礁海域就是它们重要的栖息地之一。

蓝唇隐鹦嘴鱼

鹦嘴鱼的上、下颌齿分别愈合成了两块齿板，并且略微向外突出，这使得其吻部看起来和鹦鹉的嘴有几分相似，这就是鹦嘴鱼名字的来历。大多数种类的鹦嘴鱼都是素食动物，主要以藻类为食，偶尔也吃浮游动物和底栖或固着的无脊椎动物。然而，有少数大个头鹦嘴鱼嘴比较"刁"，单单吃藻类满足不了它们的需求。它们把目光投向了在珊瑚礁海域最多却最不被看重的珊瑚。

珊瑚礁海域生物种类众多，却极少有生物尝试啃两口珊瑚。巨大的珊瑚礁"大厦"中聚居着数不清的珊瑚虫。珊瑚虫分泌的碳酸钙骨骼坚硬无比，啃起来与咬石块无异。绝大部分生物都没有能力享受这种美味。然而，有些鹦嘴鱼就可以大饱口福了，毕竟它们拥有一副能轻松嚼碎石灰石的"铁齿铜牙"。

蓝鹦嘴鱼

驼背大鹦嘴鱼

钝头鹦嘴鱼

青鲸鹦嘴鱼

驼背大鹦嘴鱼就是珊瑚的狂热爱好者。驼背大鹦嘴鱼突出而坚硬的上、下颌齿板可以轻松地将珊瑚咬下来，把珊瑚的"肉质"和"骨头"一并吞入口中，用自己两片像研磨器一样的由鳃弓演化而来的咽颌齿把珊瑚研磨成细粉吞下。有机质被驼背大鹦嘴鱼消化吸收，而其他不能消化的物质就会被排泄出去，成为白色的细沙。

大多数温带沙滩是黄色的，主要成分是二氧化硅；而许多亚热带、热带沙滩则呈白色。这些白色细沙大多是由珊瑚骨骼和贝壳的粉末所构成的，其主要成分是碳酸钙。鹦嘴鱼就是这些白色细沙的主要"生产者"。据统计，平均每只鹦嘴鱼每天可以"生产"200多克的细沙，而体型较大的驼背大鹦嘴鱼的产沙量甚至能达到每年 90 千克。这些洁白的细沙是不少热带海岛沙滩的主要组成部分。比如马尔代夫的海滩，其中 80% 以上的白色沙子是鹦嘴鱼所贡献的。

鹦嘴鱼除了"铁齿铜牙"这一个特点之外，还有其他有趣的本领。

在珊瑚礁海域，夜晚可不那么宁静祥和。很多"捕食者"趁着夜色大开杀戒。为了能安安稳稳地睡觉，鹦嘴鱼做足了安全防护措施。

鹦嘴鱼会在珊瑚礁中找一个狭小的缝隙，把自己隐藏在里面。这样，大型捕食者就够不到它们了。在睡觉前，鹦嘴鱼会为自己织一个"睡袋"。它们慢慢地吐出一些黏液，使这些黏液在水中形成一层薄膜，逐渐包裹住自己的全身。这个"睡袋"非常有用，封住了鹦嘴鱼的气味，从而使鹦嘴鱼得以躲避那些依靠灵敏的嗅觉捕猎的敌人。鹦嘴鱼醒来之后，会把这层黏液薄膜吃回去。

在许多热带或亚热带沿海地区，鹦嘴鱼被搬上了人们的餐桌。不过也时有因为食用鹦嘴鱼而中毒的情况发生。倒不是鹦嘴鱼本身"制造"了毒素，而是鹦嘴鱼经常食用的藻类中，有的"藏着"毒素。这些外源毒素在鹦嘴鱼体内蓄积，最终伤害到食客。

睡眠中的鹦嘴鱼

喷云吐雾

在自然界中，很多生物善于使用"烟幕弹"。它们巧妙使用"烟幕弹"隐藏自己的踪影，逃避捕食者，并使得自己在进攻时出其不意。它们使用"烟幕弹"的历史比人类还长呢。

在海洋中最著名的使用"烟幕弹"的高手就是乌贼了。乌贼具有优秀的变色能力，但变色并不能保证乌贼逃生万无一失。高明的乌贼还留了一招后手，也就是众所周知的喷墨。乌贼喷射出大量墨汁，趁敌人眼前黑蒙蒙一片、不知所措的时候溜之大吉。乌贼的墨囊位于直肠的末端附近，本质上是一个直肠盲囊，并且通过一根被称为膜囊管的细管与直肠相连并共同开口于肛门。乌贼那浓稠的墨汁，便是从肛门喷出的。乌

虎斑乌贼

白斑乌贼

贼墨汁中含有不溶于水的黑色颗粒，且100毫升乌贼墨汁中，这种黑色颗粒大约有200毫克，所以乌贼墨汁是像泥浆一样的悬浊液。黑色颗粒的主要成分是色素、糖类、脂类、蛋白质等，具有较高的营养价值。因此，在很多地区，尤其是日本，人们喜欢使用乌贼墨汁烹饪多种美食。20世纪90年代，日本科学家在乌贼墨汁抗肿瘤活性的研究中取得了重大的成果。自此开始，此方面的研究进

展迅速，以乌贼墨汁为基础的抗肿瘤药物的研发逐渐成为热门课题。

乌贼的栖息环境多样，岩石质、泥质、沙质海底，海草床，海藻场和珊瑚礁海域都能见到乌贼的身影。比如，虎斑乌贼、白斑乌贼等，都是珊瑚礁海域的常客。

除了乌贼这种家喻户晓的使用"烟幕弹"的高手，和乌贼同属头足纲的某些章鱼也有这个本事。

不是所有的章鱼都会喷墨。生活在珊瑚礁海域的蓝蛸是"有墨一族"，所以在紧急时刻，它们就可以像乌贼那样喷出大量的墨汁扰乱敌人的视线。章鱼的墨囊长在它们的消化腺下面，而负责生产墨汁的

腺体附着在墨囊上。章鱼生产的墨汁被存储在墨囊内，危急时刻则被喷出。不过，蓝蛸的游泳能力不如乌贼。很多时候蓝蛸是用自己8条强劲有力的腕足贴着海底落荒而逃的。这个场景想象起来是不是挺有趣的？

除了这两类长相相近的头足纲生物，有一类腹足纲的软体动物同样具有"喷云吐雾"的能力。它们就是海兔——软体动物门腹足纲海鹿形目海兔科成员。有些海兔具有特殊的腺体。有一种腺体能释放紫色的汁液，这是眼斑海兔用以保命的武器之一。一旦遇到危险，眼斑海兔就会快速喷射出这种紫色汁液，让敌人陷入紫色的迷雾而失去目标。还有些海兔的腺体会释放出白色不透明的液体。

加州海兔

海兔喷出的汁液中含有许多种化合物，其中不少化合物有毒，威胁捕食者的生命。海兔本身没有一个专门的囊袋来存储这些有毒物质，而是"现配现用"。不过要比起"烟幕弹"的威力，海兔还是要强于乌贼和章鱼的。

黑海兔

77

一拳"超人"

珊瑚礁海域是一片明争暗战的"江湖"。这里生活着一些"武林高手"。它们凭借自己强大的拳头，能给敌人或是猎物致命的一击。

鼓虾，也叫枪虾，属于节肢动物门软甲纲十足目真虾下目鼓虾科。鼓虾家族成员繁多，在全世界有700余种。大多数鼓虾喜欢较为温暖的海水环境，分布于热带和亚热带的浅海，只有少数种类生活在寒带和温带地区。鼓虾的游泳能力很差，一般在海底生活。在珊瑚礁海域经常能看到鼓虾的身影。

鼓虾之所以叫这个名字，是因为它们有一项神奇的能力——能用自己第一步足特化而成的"钳子"发出巨大的响声。你可能难以想象，不过数厘米的鼓虾，居然是海洋噪声的主要来源之一。不仅海洋"居民"们深受其扰，它们发出的"鼓声"甚至能严重影响人类船只的声呐和水下通信。那么，鼓虾为什么要发出这么大声音呢？它们又是如何做到的呢？

鼓虾的一对"钳子"和其他虾的不太一样，并不对称，一个非常强壮，另一个却很弱小，看起来很不协调。鼓虾

鼓虾的大钳子

鼓虾

不过三五厘米长，而那个大"钳子"的长度超过了鼓虾体长的一半。鼓虾"敲鼓"的秘密，就藏在这只"麒麟臂"上。鼓虾的这个大"钳子"一半是凹槽，另一半是与之契合的凸起。这个大"钳子"类似手枪，由强力的肌肉来控制。"钳子"凸起的一半会被拉到合适的角度，然后以极快的速度释放。"钳子"的两半快速闭合。这个时候，原本在"钳子"中间的水就会被挤压出去，形成一道高速水流。这道高速水流周围形成漩涡，漩涡中产生局部低压，出现接近真空的低压泡。周围高压海水压碎低压泡，快速撞击在一起，产生强大的冲击力。我们听到的"鼓声"，便是低压泡被压碎发出的，这好像哆啦A梦的"空气炮"。它们这一拳下去，被击中的小鱼、小虾基本上就一命呜呼了。很多比它们大的生物都不敢轻易接近它们。

除鼓虾外，还有一类生物也擅长"打拳"。它们叫虾蛄。

大家可能比较熟悉虾蛄。很多人爱吃的皮皮虾就是虾蛄的一种——口虾蛄。虾蛄依靠自己的"铁拳"捕食。其捕食方式总体来说分为两种：穿刺型和粉碎型。

口虾蛄是穿刺型虾蛄的代表。这类虾蛄就像是手持短剑的刺客，埋伏在猎物常出现的区域。它们行动敏捷，那对锋利的掠足可以轻松刺进猎物的身体。

口虾蛄

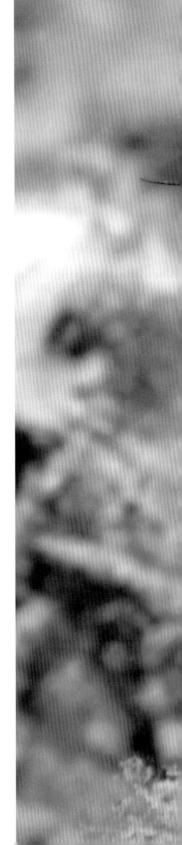

和穿刺型虾蛄不同，粉碎型虾蛄捕猎靠出拳的速度和拳击的力度取胜。它们就像是手持一对擂鼓瓮金锤的猛将，一锤下去，势大力沉，让"敌人"和猎物皮开肉绽，甚至粉身碎骨。蝉形齿指虾蛄就是这类虾蛄的代表。

蝉形齿指虾蛄外表光鲜艳丽，尤其是尾端形状和色泽，像极了孔雀尾羽，又被称为雀尾螳螂虾。它们的第2对颚足非常强壮，呈内收的姿态，像极了螳螂的前臂。而论起"螳螂拳"的力道，蝉形齿指虾蛄可是要比螳螂强多了。

蝉形齿指虾蛄既凶猛好斗，又阴险狡诈。它们习惯藏身于珊瑚礁的狭小缝隙中守株待兔。一旦猎物经过，蝉形齿指虾蛄就会以迅雷不及掩耳之势冲上去给猎物来上一记势大力沉的直拳。虽然蝉形齿指虾蛄小的只有几厘米长，最大的也不过十几厘米长，但是可不敢小觑它们这一记拳头，不然会付出惨重的代价。拳王泰森的出拳速度在拳击手中算是顶尖水平，每秒钟大概能出三四拳，折算下来每次出拳大概只用 0.2 秒多，每拳能产生大约 9800 牛的冲击力。对比泰森，我们来看看蝉形齿指虾蛄的数据。蝉形齿指虾蛄冲出一记直拳仅需几十毫秒，比泰森快不少；而蝉形齿指虾蛄每拳可以产生高达 1500 牛的冲击力。考虑到蝉形齿指虾蛄最长还不足 20 厘米，这一拳的力道真是非常不可思议了。为了不让自己的"拳头"在攻击时受伤，蝉形齿指虾蛄还戴上了坚硬的"拳套"。它们的掠足表面由致密的羟基磷灰石构成，拥有极高的硬度和强度，能够轻而易举地敲碎甲壳动物的外骨骼，就是击坏软体动物的碳酸钙贝壳也不在话下。所以，它们的食谱中也包含了这些难啃的"硬骨头"。大多数养海洋动物的人都不

蝉形齿指虾蛄

会选择蝉形齿指虾蛄，不仅仅因为它们好斗，还因为一般的玻璃缸甚至不能承受住它们的随"手"一击。

蝉形齿指虾蛄并不只有"拳击"这一项天赋，它们还有非常好的视力。它们的一双复眼令它们甚至能看到红外线和紫外线，感知源自其他生物体表的微弱的偏振光。这样强大的视力让蝉形齿指虾蛄即使在昏暗的环境里也能够精准地捕猎。

虾蛄和鼓虾，两者名字相似，在"拳法"上的"造诣"也不相上下。说它们是珊瑚礁海域的一拳"超人"，算得上是实至名归了吧。

蝉形齿指虾蛄

一针见血

金庸的小说《射雕英雄传》中讲到一种传奇防具——软猬甲，刀枪不入又布满倒刺，有的地方还染有毒素。欧阳克妄想非礼黄蓉，可还没能怎么样呢，就被黄蓉身上的软猬甲扎了个鲜血直流。可见，谁要是拥有了这样一件长满倒刺的软猬甲，那防御能力必定会大大提高啊。

别说，还真有不少动物拥有这样的装备呢，比如"软猬甲"这个名字的来源——刺猬。在珊瑚礁海域，也有很多身披"软猬甲"的防御高手。

刺鲀是鲀形目刺鲀科生物的统称，一共有大约 20 种，其中我国有 3 属 7 种。刺鲀的胃口十分好，小鱼、小虾、小螃蟹、小软体动物都是刺鲀喜爱的美食。有时候连坚硬的珊瑚，刺鲀也愿意啃上两口。这多亏了刺鲀有一副好牙口。它的上、下颌的 2 枚牙齿都愈合成了坚硬的齿板，看起来就像是两枚厚厚的"大板牙"。这两枚"大板牙"有着惊人的咬合力。因此，刺鲀科又被称为二齿鲀科。

密斑刺鲀

刺鲀和鲀形目不少其他成员一样，有着一种特殊的能力——膨胀。这些鲀一旦察觉到危险，就会快速将大量的空气和水吸入具有弹性的胃中，使自己在短时间内"胖"成球状，身体变大两三倍。这招"虚张声势"在动物界非常实用，因为在动物界，体型通常代表着战斗力，正所谓"大鱼吃小鱼，小鱼吃虾米"。它们身体突然变大，起到迷惑捕食者的作用，而且圆鼓鼓的身材让一些捕食者无从下口。不过，这招并不是百试百灵。为了提高自己的生存概率，刺鲀增加了一种防身武器。它们的鳞片特化为

六斑刺鲀

坚硬的棘刺，布满体表。平时，这些棘刺倒伏。一旦刺鲀受到威胁膨胀"变身"，每一根棘刺都会直立起来，使刺鲀成为难以对付的"刺球"。除此之外，刺鲀和其他不少鲀一样，携带有剧毒的河鲀毒素。研究表明，河鲀毒素不是它们自己制造的，而是假交替单胞菌属的细菌的"发明"。不少鲀摄入这类细菌并将毒素富集于体内，成为捕食者不得不防的"海中毒物"。即使是人类，也能被一丁点河鲀毒素毒死。所以，除了鲨鱼和电鳐，在海洋中还真鲜有敢碰刺鲀霉头的。而敢于挑战"刺鲀"的捕食者，往往会付出生命的代价。

眶棘短圆刺鲀

许氏短刺鲀

　　虽然刺鲀在海洋生物中鲜有对手，可是人类却让这些危险生物陷入了危机。人类的捕捞和对其栖息环境的破坏已经使刺鲀的数量大大减少。如果继续下去，早晚有一天这类几乎没有天敌的生物会灭绝。

刺鲀是全身长有棘刺的"刺头"，而珊瑚礁海域还生活着一些局部长刺的小"刺头"，如刺尾鱼和鳗鲇。

刺尾鱼科一共 80 多种成员，它们尾柄上长着一个或者多个由鳞片特化而成的硬棘刺，因而得名。刺尾鱼大多分布在热带珊瑚礁或者岩礁海域。刺尾鱼有很严重的"洁癖"，绝大多数只能在清澈的海水中生活。刺尾鱼的主食是各种藻类，它们经常在珊瑚和岩石表面窸窸窣窣地啃食，这有助于珊瑚的生长。有时候它们也会跑到海龟等海洋生物的身上啃两口，也算帮助这些生物清洁身体了吧。因为刺尾鱼的这种特性和尾部形如手术刀的棘刺，所以很多人也会把刺尾鱼称作"外科医生鱼"。

在动画片《海底总动员》中，蓝色的小鱼多莉就是一条刺尾鱼——黄尾副刺尾鱼。黄尾副刺尾鱼的尾柄部长有非常锋利的棘刺。棘刺附近的表皮细胞特化为毒腺，存储着刺尾鱼毒素。在黄尾副刺尾鱼的"手术刀"刺中"敌人"的同时，毒液会沿着这把"利刃"进入"敌人"的体内，造成出血、感染、神经系统损伤等严重的伤害，很少有海洋生物能在被刺中之后幸存。按理来说，拥有这种危险武器的黄尾副刺尾鱼应该可以自由自在地生活了，可事实并非如此。黄尾副刺尾鱼胆子非常小，且不说几乎不会主动攻

夏威夷栉刺尾鱼

黄尾副刺尾鱼

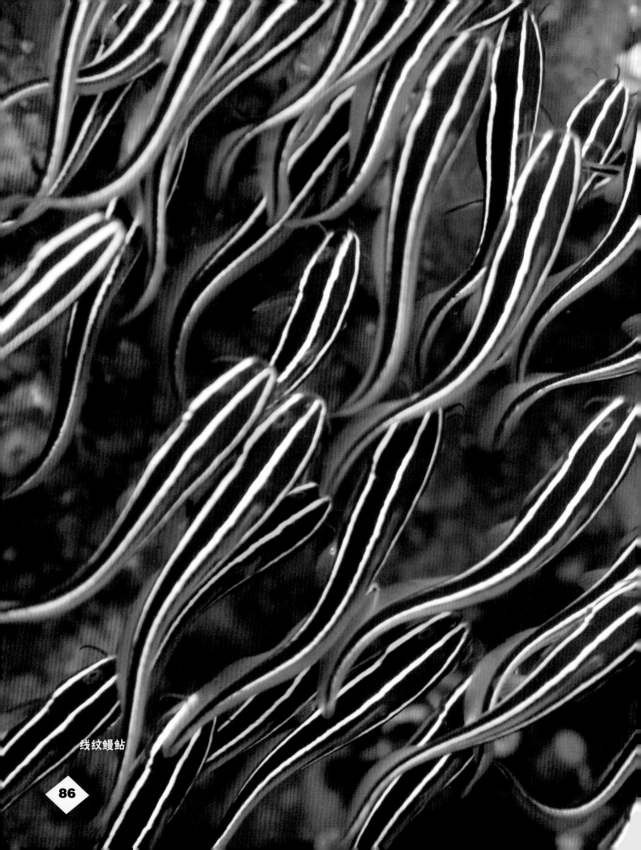

线纹鳗鲇

击其他海洋生物，即使被捕食者攻击，也很少启用自己的"杀伤性武器"，而是匆忙逃跑，寻找一个狭小的角落藏身。如果实在找不到藏身之处，它们干脆就地一躺——装死。不过别说，装死这一招还是比较有用的，大多数时候都能让黄尾副刺尾鱼逃过一劫。

鳗鲇也有和刺尾鱼相似的结构。它们的胸鳍和背鳍上长有硬棘并连有毒腺。有些种类刺中人体之后，人会有剧烈的疼痛感，甚至会死亡。大多数鳗鲇生活在河口及底质较软的海域，只有鳗鲇属和副鳗鲇属的生物生活在珊瑚礁海域。这些鳗鲇都是"夜猫子"，白天基本上都躲在珊瑚礁的缝隙中睡大觉，夜幕降临才会动身觅食。在鳗鲇中还有一个有趣的现象，鳗鲇幼鱼在外出觅食时，往往成群结队，组成一个多达上百条鱼的"团伙"，并且紧紧靠在一起，形成一个巨大的"鱼球"，以此来抵御捕食者。

除了上述"刺客"之外，在珊瑚礁海域还有很多生物也拥有着类似的"武器"，比如蓑鲉和毒鲉。珊瑚礁海域中的任何一种生物都不容小觑，即使它们看起来平平无奇。既然它们能在危机四伏的珊瑚礁丛中生存，就必然有它们的过人之处。

合作利用

相依为命

在自然界，在漫长的生物演化过程中，有些物种之间形成了一种高度的互相依赖的关系，它们依靠对方提供的某些便利条件生活，并同时给对方提供便利，共同适应多变的环境。如果双方分开，每一方都会受到很大的消极影响甚至死亡。这种生物与生物间相互依赖的关系叫作共生。

在珊瑚礁生态系统中，造礁石珊瑚与虫黄藻（Symbiodiniaceae）就是这样一对共生搭档。

我们知道，"珊瑚礁摩天大楼"是小小的珊瑚虫建造的。这些群居在一起的珊瑚虫，同其他造礁生物"合

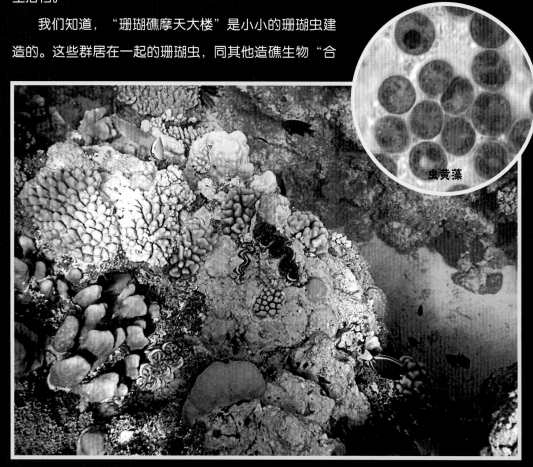

虫黄藻

作"，不断分泌石灰质，并胶结其遗骸，长年累月，创造了奇迹。珊瑚虫像是倒坐在"石杯"（碳酸钙骨骼）里的微型水螅，群居在一起。它们十分敏感，对触碰、温度、水流以及太阳和月亮的周期活动都能做出反应。珊瑚虫花枝一般的触手，带着含有毒素的秘密武器——刺细胞，可捕获、毒杀海水中的浮游动物等微小生物。然而，这不是造礁石珊瑚生活的主要来源。造礁石珊瑚另辟蹊径——通过光合作用来获取能量。可是造礁石珊瑚体内连光合作用必不可少的光合色素都没有，它们又是如何来进行光合作用的呢？

造礁石珊瑚使用了一种绝妙的方法——当"房东"，招纳了具有光合作用本领的虫黄藻入住其胃层细胞，共同生活。造礁石珊瑚是很好的"房东"，它们不仅给"房客"提供住所，还提供保护，同时赠送自己代谢产生的二氧化碳、磷酸盐和硝酸盐等"房客"需要的东西。这样善良慷慨的"房东"自然深受"房客"的喜爱。同样，虫黄藻也是优秀的"房客"，它们付"房租"毫不犹豫。造礁石珊瑚 90% 左右的能量都来自虫黄藻的"劳作"。

虫黄藻是一类黄褐色、球形的微型单细胞藻类，直径几微米至十几微米，大多数属于共生甲藻属。海洋中的浮游藻类，随波逐流，很容易被众多以浮游生物为食的海洋生物吞掉，而且环境的变化也会对它们造成很大的影响。而虫黄藻生活在造礁石珊瑚体内，生存概率

紫小星珊瑚体内共生的虫黄藻（珊瑚中的褐色小点）

得到了很大的提升。同时，虫黄藻可以从造礁石珊瑚方便地获取二氧化碳等"生活必需品"。另有研究显示，造礁石珊瑚也有助于虫黄藻获得强度适宜的阳光。对于虫黄藻来说，造礁石珊瑚是慷慨的"房东"，给它们提供了完美的"住所"，所以大量的虫黄藻都生活在造礁石珊瑚体内，甚至每立方毫米造礁石珊瑚体内生存着大约3万个虫黄藻！

虫黄藻也不是白住房的。它们提供给了造礁石珊瑚充足的氧气和葡萄糖、甘油等养分，成为造礁石珊瑚能量的主要供应者。同时，虫黄藻代谢产生的碳酸根，可

与钙离子结合，生成碳酸钙，分泌到珊瑚虫体外，帮助珊瑚虫形成碳酸钙骨骼。

虫黄藻在给造礁石珊瑚提供食物的同时，也限制了造礁石珊瑚的生存范围。为了让虫黄藻能够接收到足够的阳光来进行

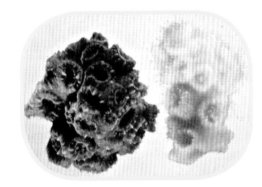

健康的珊瑚（左）和还活着的白化的珊瑚（右）

白化的珊瑚

光合作用，造礁石珊瑚通常只能生活在 80 米以内的浅海。而且造礁石珊瑚对温度也有很严格的要求。通常只有温度不低于 20℃，造礁石珊瑚才能顺利造礁，所以珊瑚礁大都位于热带或亚热带海域。

虫黄藻也影响着珊瑚虫在水平方向上的"领地"扩展。珊瑚像植物一样，光照好的部位生长得更好，而珊瑚礁也向着可以见光的方向延伸。

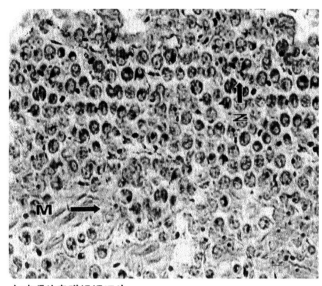

大砗磲外套膜组织切片
箭头示组织中共生的虫黄藻

虽然造礁石珊瑚与虫黄藻相依为命，和谐地生活着，但是在某些情况下它们也会"分道扬镳"。当生活环境发生较大变化，如海水温度上升、富营养化、盐度发生变化等，虫黄藻会逐渐被造礁石珊瑚驱逐离开，造礁石珊瑚会逐渐变白直至死亡。这一过程被称为珊瑚的"白化"或是"脱藻"。

除了造礁石珊瑚，诸多有孔虫、海绵、软体动物等都和共生藻一起生活，如砗磲。砗磲是一类双壳软体动物，我国有 6 种砗磲。和珊瑚虫相比，它们可算是"巨人"了。砗磲也十分长寿。例如，大砗磲可以活 100 年。

砗磲一般用足丝附着在珊瑚礁上营固着生活，靠流经体内的海水把食物（浮游生物）送上门。然而，它们身体太大，捕食又困难。所以，它们也把虫黄藻"圈养"在自己的外套膜内，通过虫黄藻的光合作用获得充足的能量，长成庞然大物。

互惠互利

海葵，属于珊瑚纲，身体柔软无骨，圆柱状。海葵底端称"基盘"，用于附着。裂缝形的口在身体的另一端，被数圈飘逸的触手包围着。身为刺胞动物，五颜六色、貌美如花的海葵的触手上排布着有毒的刺细胞。大多数海洋生物都对海葵这类美艳的动物望而生畏，敬而远之，因为一旦不小心被海葵刺中，很可能会葬送性命。

可是有一些生物不但不害怕海葵，反倒和它们结成了互利互惠的关系。

在皮克斯工作室的经典动画电影《海底总动员》中，主角尼莫一家的"房子"就是一簇海葵。尼莫一家是眼斑双锯鱼，小丑鱼（又叫海葵鱼）中的一种，属于雀鲷科海葵鱼亚科。海葵鱼亚科共有2属约30种，其中颊雀鲷属只有1种，其他便都是形形色色的双锯鱼了。很多生物都避之不及的海葵却是小丑鱼的家园。为什么海葵不伤害小丑鱼呢？

研究发现，小丑鱼体表的黏液层很厚，而且并不是完全由小丑鱼分泌的。小丑鱼出生后，便开始小心翼翼地蹭海葵的黏液。

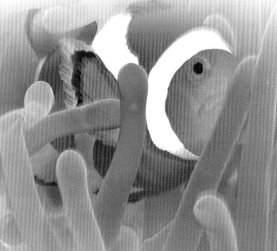

当实验环境中镁离子的含量低于自然海水中时，海葵刺细胞会发射毒液；而根据分析，小丑鱼黏液中镁离子的浓度比海水中的高。这层厚厚的、成分特殊的黏液好比小丑鱼的"防弹服"，使之得以和海葵安全地"亲密接触"。

并不是所有海葵都会容纳小丑鱼栖身。能够招徕小丑鱼的海葵大都是大海葵科的成员。而小丑鱼对自己"家园"的颜色也有偏好。海葵一旦收留了小丑鱼，两者便结成了互惠互利、同甘共苦的"同盟"。海葵给小丑鱼提供庇护，并且提供食物残渣给小丑鱼享用；而小丑鱼也是保护海葵的勇士，驱逐觊觎海葵的蝴蝶鱼等生物。小丑鱼还扮演者医生和清洁工的角色，清理着海葵坏死的组织、海葵身上的寄生虫等，保持海葵"家园"的清洁。当然，小丑鱼吃剩的残羹冷炙，也可以被海葵再利用。更有研究表明，小丑鱼排泄的含氮废物，促进了海葵体内共生藻的生长，利于海葵的健康。

小丑鱼家族等级森严且构成非常有趣。雌性是小丑鱼家族的族长，而雄性负责守护领地、照顾鱼卵等杂务。一个家族中有且只有一条雌性小丑鱼，而它只会与家族中最强壮的雄性小丑鱼交配，繁育后代。如果这条雌性小丑鱼不幸死掉的话，神奇的事情就会发生——身体最强壮的那条雄性小丑鱼会转换自己的性别，变成雌性的小丑鱼，接管这个家族。所以在《海底总动员》中，尼莫的母亲死去之后，真实情况应该是这样的：尼莫的父亲会变成雌性……

克氏双锯鱼

粉红双锯鱼

小丑鱼会把大只的海葵当作自己的家，还有一种生物却喜欢把小只的海葵当作自己的武器。

以花纹细螯蟹为代表的细螯蟹属的螃蟹喜欢躲在珊瑚礁海域的岩石底下，平时

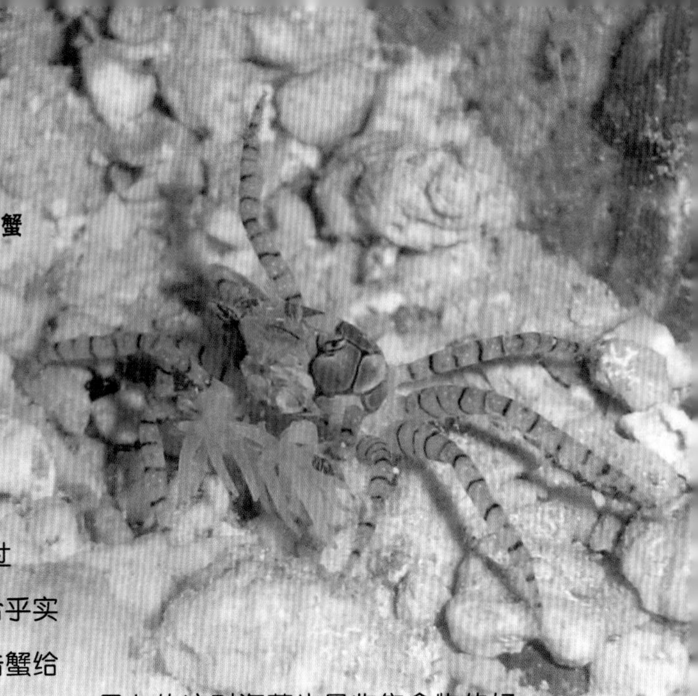

细螯蟹

并不喜欢招惹是非。可是，如果有别人想欺负它们，那可就选错对手了。细螯蟹有一个别名，叫作拳击蟹。顾名思义，这类蟹遇到敌人的时候会挥舞自己的双螯，像一个左右开弓的拳击手一样自我防卫。不过话说回来，它们的名字"细螯蟹"合乎实际地道出了其螯的纤弱。然而，拳击蟹给自己定制了一双威力巨大的"拳套"——海葵。细螯蟹螯足有数个倒钩状的结构，可以将海葵牢牢固定住，而海葵触手上的有毒的刺细胞真是攻击的利器。当然，螯足上的这对海葵也是收集食物的好手。而海葵呢，也算搭了个便车，在拳击蟹移动的过程中获得了更多的觅食机会。然而，待及海葵长大，它们有被拳击蟹撕成小份的危险！

对了，细螯蟹挥舞双螯的样子，比起拳击手，倒更像是在运动场上舞动花球的啦啦队员呢！所以它们还有另一个名字——啦啦队蟹。

小丑鱼不是以海葵为家的唯一一类生物，很多

花纹细螯蟹

其他鱼、甲壳动物都能在海葵触手间来去自如或在海葵附近徘徊。例如，和小丑鱼同属雀鲷科的三斑圆雀鲷就可以在海葵中自由生活而不用担心被海葵的触手伤害。不过，在海葵附近出现的其他生物并不一定就能和海葵共生。比如黄色条纹天竺鲷，它们会徘徊在某些海葵附近，偶尔也会和海葵的触手接触。然而，黄色条纹天竺鲷是否是和海葵共生，或者说是否不会受到海葵触手的伤害，还不是非常清楚。

不少甲壳动物也会与海葵接触。有些甲壳动物需要一段适应时间才能保证自己不受到海葵的伤害。然而，它们适应之后，若有一段时间没有与海葵接触，便会变得"陌生"，需要重新适应。

需要说明的是，这些能和海葵建立亲密关系的鱼、甲壳动物对于海葵是有选择性的。

海葵虽然依靠毒性能抵御大部分海洋动物的袭击，但是由于附着生长的特性，获得食物的机会小了很多，和其他海洋动物共生也对海葵的生活有很大的帮助。对双方都有利的共生，就叫作互利共生。

三斑圆雀鲷

情同手足

德国作家克·菲·格勒特写过这样一个故事：一个身材魁梧、四肢健全的盲人在路边等人给他指路，结果遇上了一个瘸子。于是，瘸子趴在了盲人宽厚的肩膀上。有着良好视力的瘸子为盲人辨方向、识路途，而盲人凭借自己坚实的腿脚带瘸子前行。两个残疾人互相帮助，克服了很多一个人解决不了的困难。

共生伙伴——鼓虾和虾虎鱼，就是这样一对"盲人和瘸子"。

鼓虾，大多生活在包括珊瑚礁、海草床等在内的温带和热带海域，也有在较冷海域甚至淡水栖居的种类。鼓虾的第一步足长成螯状，且左右不对称。其中有一只螯大得出奇，长度甚至超过了鼓虾体长的一半；而另一只则相对较小。鼓虾在捕猎或遇到危险的时候，可以利用那只大的螯射出水流"子弹"。它们也因为能够发出巨大的、像打鼓一样的响声而获得了"鼓虾"的"威名"。人们还给它们起了一个更"响亮"的名字——枪虾。

大多数鼓虾擅长挖洞，它们可以用自己强有力的大螯快速地把沙土推出洞穴，给自己建造一个相对安全的家。然而，即使拥有了强大的螯，潜藏在洞穴，在"高手如林"的海洋世界，鼓虾也不得不"居安思危"。为了更好地保护自己，鼓虾的头胸甲变得异常发达，甚至完全将眼部覆盖。可这样一来，鼓虾的视力也变得很差。所以鼓虾很难观察到敌人的动向。它们就像是故事里的"盲人"，需要一个视力不错的"瘸子"来充当它们的"眼睛"。于是有些鼓虾选择了和某些种类的虾虎鱼一起生活。

鼓虾和黑唇丝虾虎鱼

虾虎鱼科有2000多个物种，是鱼类中成员较多的大家族之一。大多数虾虎鱼体型很小，体长不超过 10 厘米，个别种类的体长甚至不超过 1 厘米！它们的腹鳍通常愈合成吸盘状，用以附着于珊瑚礁或岩石上。虾虎鱼一般以甲壳动物等小型无脊椎动物为食，也有大点的种类捕食小型鱼儿，另有一些种类也吃一些藻类。虾虎鱼不擅长挖洞，也没有强有力的攻击手段，所以在遇到天敌的时候，基本上只能选择逃跑了。于是，某些种类的虾虎鱼选择和鼓虾结盟。

　　鼓虾和虾虎鱼就像是一对好兄弟。鼓虾负责挖掘和清理洞穴，充当"房东"，而虾虎鱼则负责警戒。当这对搭档"出门在外"时，它们保持着身体的接触。虾虎鱼一旦观察到险情逃回洞中，鼓虾看到或感觉到后也会跟着溜走。敌人临近的时候，如果鼓虾还在洞穴外面，虾虎鱼会拼命摆动尾部，给鼓虾发送信息。平时虾虎鱼会像个保安一样守在洞穴门口警戒，甚至有时还会找来食物喂养鼓虾。这是因为，对于这些虾虎鱼来说，如果鼓虾死掉，洞穴就会在很短的时间内被泥沙填满，自

史氏钝塘鳢和鼓虾

己也就失去了庇护所。相应的，对于鼓虾来说，有了虾虎鱼作为哨兵，它们也多了一层防护。

　　当然，不同种的虾虎鱼和鼓虾都有自己的"脾气"。有些鼓虾愿意和虾虎鱼一

点纹钝塘鳢和鼓虾

亚诺钝塘鳢和红纹枪虾

同生活，有些就不愿意；对于虾虎鱼来说也是如此。所以，只有特定种类的虾虎鱼和特定种类的鼓虾才能和平共处，共同生活。目前发现至少有130种虾虎鱼会和20多种鼓虾形成共生关系。有的虾虎鱼比较"博爱"，和很多种鼓虾都能和睦相处；有的虾虎鱼却很"挑剔"，只能和特定的某种鼓虾一起生活。

有的鼓虾，如帝王合鼓虾，不愿意与虾虎鱼为伴，而是选择了在海绵中过群居生活。这些鼓虾是目前发现的唯一拥有"真社会性"的海洋动物。就像蚂蚁或者蜜蜂一样，生活在海绵中的鼓虾群是一个大的家族，成员可达数百只，全是同一只雌性鼓虾——"虾后"的后代。这个大家族里有着明确的社会分工。除了负责产卵的"虾后"，还有负责保卫家族的"兵虾"和照顾幼虾的"工虾"。一旦有敌人进犯，所有的雄虾就会集合起来对付敌人，而较年幼的鼓虾则会围绕在"虾后"身边保护"虾后"和被雄虾保护。

鼓虾本身并不强大，但鼓虾之间、鼓虾与虾虎鱼、鼓虾与海绵之间的良好关系使它们在海洋世界中拥有了比其单独生活更安全、更便利的处境。

帝王合鼓虾

偏安一隅

人们给十足目的虾、蟹起了各种各样不同寻常的名字，如强壮武装紧握蟹，再如慈母互敬蟹。这些有趣的名字让人们一看到就会产生丰富的联想。这些名字可不是什么俗名或别名，而是在学术界广泛使用的正式的中文名，地位就相当于你我的"大名"一样！

在这些五花八门的名字中，有一种虾的名字尤为突出，它们叫帝王虾。"帝王"这个名字听起来十分霸气，让人觉得它们会是一种强壮威武的虾。可是实际上，帝王虾小巧玲珑，最大体长不过 2 厘米，别说和体长通常数十厘米的龙虾比了，甚至都不如我们平常吃的对虾大。它们能担得起"帝王"这个名字，靠的是其"锦衣华服"。帝王虾体色以白色和红色为主，附肢兼有紫色，整体搭配大气、华美，一派雍容华贵的架势。

帝王虾由于身材娇小，单独生活很容易被其他海洋动物当作食物。作为"帝王"，它们自然不会轻易让"刺客"近身。帝王虾有着值得信赖的"带刀侍卫"——

海蛞蝓、海参、海胆或海星等。有研究者发现，至少有 14 种腹足纲动物、11 种海参、2 种海百合和某些海星可被帝王虾当作"侍卫"。

不过，帝王虾在这些海洋动物面前可没有一点"皇帝"的威严。这些海洋动物，其实是帝王虾赖以为生的伙伴，它们之间存在着和谐的共生关系。虽然有那么多种海洋动物都可能成为帝王虾共生的对象，但在这些动物当中，帝王虾尤其偏爱海蛞蝓。这可能是由于海蛞蝓颜色艳丽，能够更好地为帝王虾打掩护。除此之外，帝王

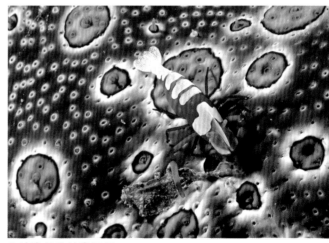

和海参共生的帝王虾

和海星共生的帝王虾

虾选择的共生伙伴不少带有毒性。很多捕食者根本不愿意招惹这些"狠毒"的家伙，所以即使发现了帝王虾，也会悻悻离去。有时候帝王虾身上的白色斑块会消失，体色发生一定的改变。这是为了与其共生伙伴的颜色更加契合，起到更好的隐蔽效果。帝王虾藏身于这些海洋动物身上，也把它们当作了自己的坐骑。

不过这种共生关系似乎不像别的共生那样"公平"。清洁虾为"顾客"清理身上的寄生生物和其他脏东西，同时自己也获得了食物，各得其所。然而，帝王虾生活在海蛞蝓或者海参等动物的身上，除了在食物缺乏的时候会吃掉它们的排泄物之外，大多数时间是以"共生伙伴"的食物碎屑为食。也就是说，它们的存在并不会为"共生伙伴"带来任何好处，但它们自身却受益了。这种一方受益，对另一方并无影响的共生方式称为偏利共生。

除此之外，还有一方受到不良影响，而另一方并不直接从受害方获利的共生，称为偏害共生。偏害共生并不是寄生，这二者之间有着本质的区别。首先，在偏害共生关系中，并没有一方从对方直接获利，而是通过竞争间接获得利益；其次，即使共生双方分开生活，也不会造成任何一方死亡。

生物之间有着错综复杂的关系，但不论是合作还是竞争，利他还是利己，其最终目的都是让自身活下去。

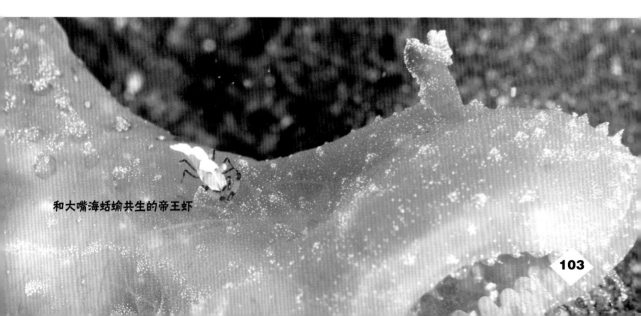

和大嘴海蛞蝓共生的帝王虾

顾客至上

在欣欣向荣的珊瑚礁"城市"中，有很多优秀的"服务业从业者"，它们通过为其他海洋生物服务来赚取生存的权利。

有一些鱼在珊瑚礁中开起了"澡堂"，给"顾客""搓澡"。

霓虹虾虎鱼便做起了这种营生。

霓虹虾虎鱼属于虾虎鱼科，有 20 余种。除一种分布于东太平洋外，其余均在西大西洋安家。它们显著的特征是身体两侧各装饰有一条明亮的条纹，纵贯头尾。不同种类的条纹颜色有别。

大部分鱼对这些体长只有几厘米的小家伙十分"友好"。生活在水中，鱼的体表也常有寄生生物侵扰和死皮残留，这对它们的生活造成很大的困扰，甚至会带来很多疾病。而这些鱼又不具备灵活的四肢，对于身上的这些"脏东西"可是一点办法都没有。于是能帮助它们清理这些"脏东西"的霓虹虾虎鱼就成了非常受欢迎的"搓澡师傅"。

蓝灯虾虎鱼

红头霓虹虾虎鱼

黄头霓虹虾虎鱼

霓虹虾虎鱼当然不是单纯地"助鱼为乐"，而是为了自己的生存。它们体形小巧，没有什么强力的捕食武器。为了在竞争激烈的珊瑚礁海域生存下去，它们另辟蹊径，干起了帮助其他鱼清理口腔和身体的活。鱼的鳞片下和口腔是寄生虫喜欢的栖息地。当霓虹虾虎鱼前来"服务"时，"顾客"都会张大嘴巴，一点也不对口中现成的食物"垂涎"。霓虹虾虎鱼在大鱼的嘴里左一口右一口，不仅把令"顾客"头疼的寄生虫等解决掉了，自己也成功填饱了肚子。霓虹虾虎鱼性情十分温和，对其他大部分鱼都挺友善，可是对于自己的同胞却十分粗暴。除非是一对"夫妻"，要不然两只霓虹虾虎鱼肯定会打上一架，这也称得上是"一山不容二虎"了吧。

还有一种鱼，身处太平洋，在外貌上和远在大西洋的蓝灯虾虎鱼相似，都披着有着闪亮的蓝色条纹的黑色"外衣"；而在"择业"上，两者也不约而同。这就是鱼类中的"名医"——裂唇鱼。

两只裂唇鱼在为蓝身大石斑鱼清洁

裂唇鱼最长也就十几厘米。成年裂唇鱼最明显的特征是，体侧有一道酷酷的黑色条带从嘴角穿过眼，直到尾部。这

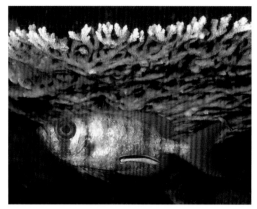

裂唇鱼在为宝石大眼鲷清洁

是它们的标识。裂唇鱼会在繁忙的珊瑚礁"城市"中的特定地方生活，开设"诊所"，一般不会"搬迁"。感染了寄生虫或有坏死组织的鱼等海洋动物会来这个地方接受"治疗"。和霓虹虾虎鱼不同，除了"夫妻搭档"之外，在一个"诊所"也可能有一个裂唇鱼"医生团队"在工作。当有"患者"向"诊所"靠近时，裂唇鱼会抖动自己的尾部，以一种特别的"舞姿"来吸引和迎接前来的"患者"。很多鱼都把裂唇鱼体侧标志性的黑带看作"行医资格证"，因此会放心地让裂唇鱼接近，不会攻击它们。裂唇鱼的吻部较长，牙齿尖利，这让它们更容易清理"患者"体表、鳃部甚至口中的寄生虫和死皮。

其实，裂唇鱼对"患者"身上的黏液也很感兴趣。所以，有些"嘴馋"的裂唇鱼在"会诊"的过程中，偶尔也会忍不住偷偷吃一口"患者"身上的黏液。不过一旦"患者"发现了它们这种"违背医德"的行为，就不再找它们"诊治"了。因此，在有其他"患者"围观的时候，裂唇鱼会更加老实一点，以保住自己的饭碗。

虽然裂唇鱼拥有不错的"医术"，但并不是说它们能包治百病。另外，裂唇鱼在清理伤口的时候，可能导致伤口扩大甚至感染，所以这"鱼医生"也有"医"死鱼的可能。

在海洋里，"医生"真是挺吃香的。于是，总有一些"不法分子"，会扮成"医生"的样子，打着"行医"的幌子，江湖行骗，如三带盾齿䲁。三带盾齿䲁在外观上和裂

三带盾齿䲁

唇鱼非常相似，不仔细看的话，几乎没有办法分辨它们。不过三带盾齿鳚可没有什么"医者仁心"。一旦有不明就里的"患者"前来"就诊"，它们会装模作样地"检查"一番，并趁机从"患者"身上撕下一块肉来，然后溜之大吉。

除此之外，某种鲇鱼和某种刺尾鱼也有和裂唇鱼及霓虹虾虎鱼相似的行为。它们更像是洗车行的洗车工，在礁石的平坦处工作。有些海龟会在特定的时间到来，而这两种鱼会帮它们清理龟壳和皮肤褶皱中的脏物。

除了鱼，有一些虾也是海洋里优秀的"医生"，或者说"清洁工"。藻虾科有一成员叫作太平洋清洁虾，仅听名字我们就知道它们在哪方面有着出色的能力了。太平洋清洁虾出生时全部为雄性，在成长的过程中会逐渐变为雌雄同体。太平洋清洁虾非常"专情"，通常是成对生活的，而且对于"第三者"有非常强的敌意。在封闭的饲养环境中，如果两只以上的太平洋清洁虾被放在一起，它们会厮杀至仅剩一对为止。虽然对于同类毫不留情面，但是对于"顾客"，它们倒是非常友好的。

清洁虾在为豆点裸胸鳝清洁

它们会耐心地将"顾客"身上的寄生虫一一除去。如果"顾客"身上要清理的杂物过多，甚至会有几百只清洁虾共同作业的情况出现。由于太平洋清洁虾的优质服务，很多鱼都愿意和它们一起生活。有些鱼，如海鳗，甚至会允许太平洋清洁虾在它们的洞穴中居住！不过太平洋清洁虾的"眼神"不太好，是彻底的色盲，并不能准确地判断"顾客"的情况。有些受伤的软体动物甚至可能被它们当成食物吃掉。说到底，太平洋清洁虾的"清洁服务"只是为了自己的生存而已。

太平洋清洁虾属于藻虾科，而长臂虾科和猬虾科也有成员从事"清洁服务"。它们凭借自己的本事，在海洋世界赢得了一席之地。

蠕线鳃棘鲈

合作共赢

在富饶的珊瑚礁海域，每种动物都想饱餐一顿，但也担心会葬身其他动物腹中。所以，珊瑚礁海域的"居民"掌握着多种多样的捕猎和御敌本领。单打独斗固然能够在捕猎成功之后享用全部的食物，可是如果两种动物合作，会大大提高捕猎的成功率。

鳃棘鲈是一类很凶猛的鱼，主要以小型鱼类和甲壳动物为食。它们能够以闪电般的速度抓住猎物。在出击之前，鳃棘鲈有着很好的耐心。它们不会追击猎物，大多数时候选择伏击战术。一旦抓到猎物，它们就会将其整个吞下，而不像其他很多鱼那样撕扯猎物。所以，对于体型较大、难以直接咽下的鱼，鳃棘鲈毫无兴趣。

然而，在珊瑚礁这种地形复杂的环境中，鳃棘鲈的捕猎本领有时就不那么好用了。珊瑚礁缝隙、孔洞极多，这对于体型较小的鱼来说简直是天然的庇护所，而体型较大的鳃棘鲈对藏身于狭小空间中的猎物只能望而却步。

鳃棘鲈也不是毫无对策。它们虽然自己钻不进这些狭小的珊瑚礁缝隙或孔洞，但是却有一些身体柔软、善于在狭窄地形中追击猎物的"朋友"。

豹纹鳃棘鲈喜欢以缓慢的速度在珊瑚礁海域巡游，就像是在散步一样。这样不会惊动它们的猎物，也让它们能够仔细地观察周围的环境。一旦看到猎物，豹纹鳃棘鲈就会像饿虎扑食一样冲过去。然而，由于地形的限制，很多时候豹纹鳃棘鲈只能守着珊瑚礁的缝隙"望鱼兴叹"。

不过要是有"合作伙伴"章鱼在附近，情况就不太一样了。身体柔软的章鱼可以进入豹纹鳃棘鲈进不去的狭小地带。所以，豹纹鳃棘鲈就想尽办法给自己的"合作伙伴"发信号，告知其美味的猎物的藏身之地，邀请"合作伙伴"出马猎捕。豹纹鳃棘鲈会让自己的体色变浅，以此来吸引章鱼的注意。同时，豹纹鳃棘鲈会在章鱼的面前表演"倒立"——头朝下在水中游动，用自己的头部指向猎物藏匿的区域。章鱼对豹纹鳃棘鲈发出的信号心领神会，挥舞着自己的触手，连忙从不远处赶来。章鱼降落在猎物藏身处的附近，将自己的触手伸进珊瑚礁的缝隙。章鱼身体柔软，可以钻进任何比它们的角质喙大的珊瑚礁孔隙，抵达豹纹鳃棘鲈所不能抵达的角落。猎物很难再躲藏下去，只能夺门而逃。当

豹纹鳃棘鲈

普通章鱼

章鱼的角质喙

爪哇裸胸鳝

然，如果章鱼抓住了猎物，它可不会和其他动物一起分享。它会独自带着猎物离开，留下饥肠辘辘的豹纹鳃棘鲈。然而，如果猎物逃脱出章鱼的魔爪，也很难有机会幸免于难，因为饥饿的豹纹鳃棘鲈已经在珊瑚礁外面等候多时了。豹纹鳃棘鲈抓住猎物之后也不会与它的"合作伙伴"分享"胜利果实"。所以，这一对"合作伙伴"其实关系并不紧密，双方都只在乎自己的利益，而从不关心对方的死活。

不只是章鱼，豹纹鳃棘鲈的"合作伙伴"还有爪哇裸胸鳝和苏眉鱼。

同豹纹鳃棘鲈一样，蠕线鳃棘鲈也懂得捕猎时寻求得力的搭档。蠕线鳃棘鲈和爪哇裸胸鳝形成了良好的合作关系，它们的合作方式和前述的那对搭档——豹纹鳃棘鲈和章鱼差不多。蠕线鳃棘鲈一旦发现了自己无力抓捕的猎物，头部就会指向猎物藏身的地方并晃动。这时，收到信号的爪哇裸胸鳝就会迅速开始搜捕工作。

据报道，聪明的蠕线鳃棘鲈甚至会挑选更好的"合作伙伴"！该报道称，2014年的一项研究表明，蠕线鳃棘鲈在选择"合作伙伴"时，选择爪哇裸胸鳝的概率是选择其他动物概率的 3 倍，这似乎证明了鳃棘鲈能够选择出更加优秀的搭档。

类似的合作行为也会发生在珍鲹和灰蓝扁尾海蛇之间。珍鲹和鳃棘鲈同属于鲈亚目，算是"亲戚"关系，二者在合作捕猎中的角色也相似；而灰蓝扁尾海蛇则扮演着同章鱼或者爪哇裸胸鳝相似的角色。

这种合作关系看似并不公平，因为每次合作的结果都只有一方受益。不过事实上，对于合作的双方来说，得到食物的概率都要比单打独斗高出许多。因此，它们也都愿意维持这种友好的关系。

珍鲹

灰蓝扁尾海蛇

缩头"乌龟"

乌龟在遇到危险的时候，会把自己的头缩进坚硬的外壳中，因此得到了缩头乌龟的"美誉"。而在珊瑚礁中，有一种动物也有了"缩头"之名，但它们并不能把头缩进自己的壳中，而是侵入别的动物的头里，在此安家。

缩头鱼虱是一种节肢动物，属于软甲纲等足目缩头水虱科，和我们常见的"西瓜虫"（即球鼠妇）为属于同一个目的"近亲"。缩头鱼虱体形娇小，雌性最长只有3厘米多，而雄性更是小得可怜，最长只有1厘米出头。缩头鱼虱幼年时皆为雄性，直到成熟之后才会转变为雌性。

缩头鱼虱有一个令人毛骨悚然的绰号，叫作"食舌虫"。它们心狠手辣，狡猾诡诈。在幼年时期，缩头鱼虱巧妙地钻进鱼的鳃盖内，攀附在鳃丝上，以吸食鱼的血液为生。等到它们转变为雌性并与雄性缩头鱼虱完成交配后，就开始了自己残忍的"食舌"行动。

球鼠妇

细条石颌鲷头背部的缩头鱼虱

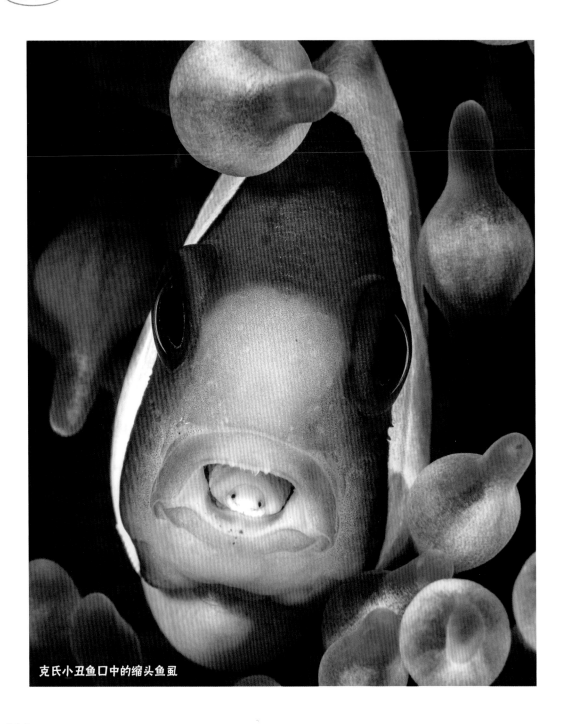

克氏小丑鱼口中的缩头鱼虱

雌性缩头鱼虱从宿主——鱼的鳃溜进口腔，占据鱼的舌根部，用自己锋利的前足勾住鱼舌，刺穿舌上的血管，吸食血液。得不到血液供应的鱼舌很快萎缩、脱落。缩头鱼虱用自己的后足紧紧抓住鱼舌残存的肌肉，成功取而代之。宿主也可以像使用自己原来的舌头那样使用这个新的"舌头"。以往人们认为缩头鱼虱不会危及宿主的生命，在缩头鱼虱完全成为宿主的舌头之后两者就会和平共处，缩头鱼虱以"拾捡"宿主入口的食物为生。然而，缩头鱼虱也会在食物匮乏时暴露凶残贪婪的本性，吸食宿主的血液。目前的研究表明，有缩头鱼虱寄生的鱼会不同程度地出现生长缓慢、死亡率上升等现象。也就是说，缩头鱼虱会在一定程度上影响宿主的"生活水平"和健康，甚至造成宿主的死亡。

和其他寄生生物不同，缩头鱼虱并不一定会和宿主"相依为命"。在宿主状况不佳的时候，缩头鱼虱会毫不犹豫地弃宿主而去。缩头鱼虱有一定的游泳能力，也能够捕食，所以并不担心离开了宿主以后就会"无依无靠"，倒是宿主失去了自己的舌头，生活受到很大的影响，甚至会死亡。

虽然缩头鱼虱看起来十分吓人，生活方式也令人胆战心惊，但缩头鱼虱对人类确实没有任何危害。寄生生物大多对宿主十分挑剔，寄生在鱼身上的几乎不会以人体为"家"。缩头鱼虱自然也是如此，甚至它们连宿主——鱼的种类也非常挑剔。只有极少数种类的鱼会被它们相中。所以，如果大家在自己的碗中发现了已经被做熟的缩头鱼虱，不用惊慌。这种高蛋白的虫子虽然长相有些"狰狞可怖"，但是是可以食用的，好吃与否则另当别论。

当然，如果你用手去逗活的缩头鱼虱，被咬一口、抓一下还是有可能的。

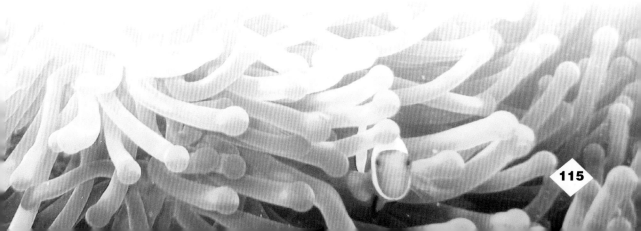

身怀绝技

各种颜色的大旋鳃虫

会造房子的定居多毛类

定居，不仅意味着领地的划分、资源的占有，更是一种生活态度和生存策略。在苍茫的大海里，在暗涌的洋流中，想要有一个属于自己的"小窝"，可不是那么容易的事情。我们现在要讲的，就是珊瑚礁海域会造房子的定居型多毛类。

多毛类属于无脊椎动物，是环节动物大家族中的一类，我们熟悉的蚯蚓（寡毛类的环节动物）就是它们在陆地上的"远亲"。和蚯蚓这位"亲戚"相似的是，多毛类的身体分节，即它们的身体由许多形态相似的体节构成，就像一个个相连的圆环，"环节动物"一名由此而来。和蚯蚓不同的是，它们的体节上都长着一对有着可伸缩刚毛的"小脚丫"（疣足），这让它们得以更好地运动。多毛类的成员们性情各异。有的喜欢随波逐流，有的酷爱运动、喜欢横冲直撞、主动攻击猎物，还有的甘当"寄生虫"。而我们的主角——定居型多毛类，却是个"技术宅"。定居型多毛类往往具有形态多样、色彩斑斓的鳃冠，用于过滤水中的氧气和有机颗粒，以此呼吸和进食。

缨鳃虫目的动物是定居多毛类的代表，不同种类的缨鳃虫为自己盖起不一样的房子。比如，缨鳃虫科的孔雀缨鳃蚕，体长10~25厘米，却是建筑界的"能工巧匠"。它们别具匠心，就地取材，通过飘逸的触手分泌黏液，黏着泥沙，建筑管状居所——栖管。这些栖管底部固定，上端直立于水中。住在栖管中的孔雀缨鳃蚕露出婀娜摇曳的缨鳃，好似临风的椰树。龙介虫在建造自己的家园的时候更注意选材用料。它们的虫管是钙质的。龙介虫能够分泌钙质（主要是碳酸钙），就像是混凝土一样。它们将"混凝土"向前运输，层层堆积，形成它们想要的长度和形状。更神奇的是，这种"混凝土"可不是单一颜色的，虽然大多数呈现出碳酸钙的白色，

但有些竟是粉红的、天蓝色的或橘黄色的，更有些装饰着黑色的横纹，而那正是虫管延伸生长的痕迹。这些虫管的管壁多是不透明的，能给躲在里面的龙介虫很好的保护。而有一种学名为 *Ditrupa arietina* 的龙介虫把虫管管壁修成了内层不透明而外层透明的样子——不知道这是不是有着毛玻璃一样的效果呢？有些种类的龙介虫有特化成壳盖的触角，当它们缩回"家"里时，这个壳盖就可以把虫管口堵上，是不是像一道门？大旋鳃虫就是拥有"房门"的龙介虫之一。它们与珊瑚共生，身体嵌在珊瑚的骨骼内，只露出一对鳃冠。这些色彩鲜艳的鳃冠呈螺旋状，形状看起来就像是一株株圣诞树。因此，大旋鳃虫也被称为圣诞树管虫。这两"株"鳃冠可不是装饰品，它们对大旋鳃虫至关重要。它们不仅是大旋鳃虫的捕食器官，也发挥着呼吸的功能。在"圣诞树"下还有

孔雀缨鳃蚕

龙介虫的壳

孔雀缨鳃蚕

大旋鳃虫

着一个鹿角状的鳃盖。当大旋鳃虫感受到危险，缩回鳃冠时，这个鳃盖可以堵住管口，保证虫体的安全。

与龙介虫相似，帚毛虫也分泌钙质的虫管，但它们更加团结，聚居在一起，过着集体生活。帚毛虫属于蛰龙介目帚毛虫科，共130余种。它们在硬质的海底定居，是珊瑚礁"城市"的重要"居民"。它们喜欢较湍急的水流，随急流而来的是充足的食物。它们可以集结壮大，在潮间带形成长达数千米的礁群，就像一道长城。因为它们群居的习性和由此而形成的密集的虫管，这类帚毛虫也被叫作蜂窝蠕虫。这名字倒是恰如其分了。

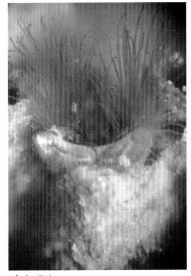

蜂窝蠕虫

定居型多毛类大都体形娇小，容貌艳丽，性情温顺。它们大多数安居在自己的巢穴，过滤着海水，也给各种鱼提供食物。它们也会给人类的生产、生活带来麻烦。它们的大量固着会给船舶航行和石油平台、浮标等的运转造成不利影响，也会挤占养殖贝类的生存空间。然而，我们终究不应该以我们的利害为中心，强加生物以好恶的标签。在漫长的演化之路上，大自然给了每种生物属于自己的位置。人类社会发展至今，我们要学习的，或许就是在为自己寻找更多"空位"的时候，和自然万物和谐相处。

斯氏缨鳃虫

埋在沙子里的花园鳗

很多生活在珊瑚礁海域的动物会把自己埋在沙子里，如电鳐、博比特虫等。它们是狡黠而危险的捕食者，隐藏在浅海底部的沙子里静静等候猎物靠近，能瞬间给猎物致命的一击。还有一些动物，同样把自己埋在沙子里，却是十分害羞又安静的小家伙。

在国内外的大型水族馆中，我们经常能见到铺满一层厚厚白沙的海水缸，一些棒状的生物从沙子里探出身子，随着水流摇摆，上下伸缩，带着几分调皮的样子。它们有着细长的圆柱形身子，小脑袋上有一双萌萌的大眼睛，看上去像是蚯蚓或萌版小海蛇，更像是花园里扎根于泥土中随风摇摆的植物。它们就是花园鳗。它们是康吉鳗科异康吉鳗属和园鳗属生物的统称，共 30 余种。花园鳗和其他鱼很容易区分，它们有着与众不同的体形和特立独行的生存方式。不同种的花园鳗体态和生活习性相近，不过高矮不一，且穿着不同花色的"衣服"。也就是说，不同种的花园鳗主要靠体表的花纹区别。最大的花园鳗体长 1 米多，但是多数种类的花园鳗，体长不超过 60 厘米。

最出名的花园鳗，当属横带园鳗。它们广泛分布在印度 – 西太平洋的热带水域，在我国南海就能见到。横带园鳗最大的特征就是身上有一圈圈橙色与白色相间的条纹，看起来就像是圣诞节的拐杖糖。水族馆常见的花园鳗还有哈氏异康吉鳗、大斑园鳗和横带异康吉鳗。哈氏异康吉鳗头部的颜色搭配类似日本玩赏犬"狆"，有黑、白两色，

一群横带园鳗

因此花园鳗表情包风行我们邻国日本。它们在日本被叫作"狆穴子"——生活在洞穴里的"狆",非常形象。大斑园鳗通体银灰色,体侧有一溜儿珍珠白的圆点,靠近头部的一个白点最大,整只鳗就像是一条点缀了珍珠的手链。横带异康吉鳗又被戏称为斑马花园鳗,这是因为它们身上有斑马线一样的图案。

花园鳗是温顺羞怯的动物。它们靠过滤水中的浮游生物和有机碎屑为生。我们常常见到一整群花园鳗把自己埋在沙子里,只露出一小截,而它们的头部都朝向同一个方向。这样的做法倒不是因为团结,而是因为水流给它们带来了充足的饵料,而它们的头部都冲着水流的方向。这样,只要张着嘴,它们就可以"守株待兔"了。

它们埋在沙子里的部分不是笔直的,而是螺旋形的,这样可以让它们固定得更加牢靠。要缩回"家"的时候,它们就倒退着,用尾巴打洞,并且分泌黏液来固定沙子,避免刚打好的洞被流沙埋住。

花园鳗是群居动物。我们常常看到不同种类的花园鳗生活在同一片海底沙滩上。它们有强烈的领地意识。我们有时候

横带园鳗

看到两条花园鳗伸长身体互相靠近——这就是一次"鳗式互怼"，表达对对方侵犯了自己的生存空间的不满。然而，没有记录显示它们之间发生足以受伤或致死的激烈争斗。人们共同在社会营生，摩擦难以避免。这时候我们不妨学学花园鳗，给对方适当的生存空间，发生纠纷也要留些余地，让人类"大家庭"更加和谐。

哈氏异康吉鳗　　　　巴氏园鳗

大魣

强悍的捕食者

　　珊瑚礁海域栖息着众多的生物，自然有众多的捕食者被吸引而来。大魣就是其中之一。它们没有雍容华贵的体态，没有锦绣艳丽的外衣；它们其貌不扬，隐于粼粼波光；它们出击时如利刃出鞘，迅捷、凶猛。它们是不折不扣的"杀手"。

　　大魣，属于鲈形目魣科（又名金梭鱼科）魣属，常被人们称为大梭鱼、巴拉金梭鱼。大魣体长通常 60 ~ 100 厘米，当然也有体长近 2 米、体重近 50 千克的庞然大物。大魣头尖而长，头长能达到体长的 1/4~1/3；配上闪着寒光的银灰色外表，真如一把利刃。大魣上颌可以达到眼的前缘，这意味着它们拥有一张可怕的大嘴。大魣上、下颌及腭骨都具有大小不一的尖锐的犬齿，这些锋利的牙齿足以让大魣将捕获的鱼咬成两段。它们的鳃耙完全退化——这意味着它们是彻头彻尾的掠食者。

　　除了拥有攻击的利器，大魣还有着敏锐的感知能力和迅捷的速度。它们身体修长如剑，在水中阻力很小，现代的海战利器鱼雷就是模仿这种体形设计的。它们侧线完整，从头至尾贯穿全体，对水流等环境变化的感知灵敏。有意思的是，"二战"时英国的单翼舰载鱼雷轰炸机还以这种鱼的名字"Barracuda"命名呢。

　　成年的大魣生活范围很广泛，从广袤的大洋到近海的港湾，只要是温暖的海域里都有它们的身影。其中，珊瑚礁海域是它们喜爱的狩猎场之一。它们常常悬停在水中。其体色从背侧的蓝灰色渐渐过渡为腹面的白色，好像穿了隐身衣，很难被其上方和下

捕食中的大野

方的海洋动物发现。一旦猎物游到附近，它们就以每秒 12 米的速度猛扑上去，将猎物一口咬住。狩猎是它们的本能。当它们吃饱喝足的时候，依然会"放牧"路过的鱼群。它们像牧羊犬一样跟随、"监管"着鱼群，直到下一场猎杀开始。

小知识

鳃耙

印度鲅的鳃

硬骨鱼的每一鳃弓的内缘生有两排并列的骨质突起，称为鳃耙。鳃耙为鳃部的滤食结构，用以阻挡食物和沙粒随水流出鳃裂，同时保护了鳃瓣。其长短和疏密因鱼的食性而异。以小型浮游生物为食的鱼，鳃耙细长而稠密，结成筛网状，以过滤微小的食物颗粒。草食性鱼，鳃耙较多，长而密。杂食性鱼，鳃耙的疏密程度适中。肉食性鱼，鳃耙短而疏，仅具有保护鳃瓣作用，而无过滤食物的功能。

"非法行医" 的盾齿鳚

海洋世界里，生活着利人也利己的"鱼医生"，比如裂唇鱼。为了消除身上的寄生虫之类的麻烦，许多海洋动物，包括一些肉食性的大鱼，都会寻求"鱼医生"的帮助。而"鱼医生"得以饱餐，同时不会受到这些捕食者的威胁——有钱赚还有命花。这么好的事儿，足可以让一些家伙动歪脑筋了。本文的主角——盾齿鳚，冒充裂唇鱼，干起了"非法行医"的行当。这些"江湖骗子"，会偷偷地从"客户"身上咬下一块肉来果腹。

盾齿鳚指的是鳚形目鳚科盾齿鳚属的 3 种小型珊瑚礁鱼。它们通常只有 10 厘米左右长，有着娇小、修长的身形。盾齿鳚都不同程度地模仿裂唇鱼的外貌。它们和裂唇鱼相似，体侧中部都具有一条黑色长条纹从头部直达尾部，这是"行医"的"招牌"。盾齿鳚甚至会模仿裂唇鱼招揽"客户"的舞蹈——在潜在"客户"周围，展开它们的尾鳍，上下摇摆尾部。这也让它们有了个"假飘飘"的外号。

不过，经常以假乱真的盾齿鳚，其实是和裂唇鱼有着一些细微的区别的。裂唇鱼的嘴巴位于头部的前位，很小，但是唇部突出，这方便了它们清理大鱼的鳃丝、齿缝、鳞片这种狭小空间里的寄生虫和皮肤碎屑。裂唇鱼的牙齿细小，上颌前端只有一对犬齿。盾齿鳚的口呈下位，也就是位于头部腹面，这方便它们从"客户"身上撕下一块肉来。

稻氏盾齿鳚

稻氏盾齿鳚

盾齿鳚的上、下颌各有一排类似人类门齿形状的牙齿，下颌后方有一对犬齿。盾齿鳚和裂唇鱼的背鳍着生位置也不同。盾齿鳚具有鳚科特有的从鳃盖后贯穿到尾柄末端的超长背鳍，而裂唇鱼背鳍起点位置相对靠后。此外，裂唇鱼的体表被有鳞片；而盾齿鳚没有鳞片，它们在体表分泌一层黏液来保护自己的皮肤。事实上，虽然裂唇鱼和盾齿鳚都会在礁岩上一些突出的位置建立真正或假冒的"清洁站"，但盾齿鳚比裂唇鱼更喜欢待在狭小的孔穴中，它们皮肤上的黏液能在一定程度上保护它们不被划伤。

盾齿鳚常常模仿裂唇鱼建立"清洁站"，通过和裂唇鱼相近的舞蹈来招徕"客

蓝体盾齿鳚

户"。有时候它们得到机会，得以从大鱼身上狠狠咬掉一块肉并成功夺路而逃。不过遇到某些张开大嘴等着"剔牙缝"的"客户"，盾齿鳚就相当于送上门的"加餐"了。

三带盾齿鳚

横口鳚属中的粗吻短带鳚

横口鳚属中的黑带短带鳚

毕竟正牌"医生"可以无痛"剔牙",而它们一上手就要露馅。"非法行医"也许不是它们唯一的营生。一些资料显示,盾齿鳚的胃内容物中,80%是鱼卵和甲壳动物。这也就是说,它们的大部分食物不是这种伪装偷袭所获得的。如果这个数据是真实的,我们可以合理猜测,它们的伪装主要是为了减少被捕食的可能:许多海洋动物都需要"鱼医生"的帮助,当然会对"鱼医生"口下留情。还有一种说法是,这种伪装成"鱼医生"的方式可以方便它们偷吃珊瑚礁上附着的鱼卵,不过目前这一说法尚缺乏证据。

盾齿鳚的"近亲"横口鳚也靠模仿别人过日子。横口鳚属有10余种成员。有些横口鳚身形同盾齿鳚相仿,身上也装饰着长条纹,看上去与无害的"鱼医生"有几分相似。这些横口鳚"假医生"也干着"非法行医"、伺机揩油的勾当。有些横口鳚模仿同属于鳚科的某些有毒牙的稀棘鳚。这些稀棘鳚的牙齿下方有一对毒腺,显然不是捕食者喜欢的食物。而模仿稀棘鳚的横口鳚,可能让捕食者忌惮而自己侥幸逃生。

在弱肉强食、危机四伏的珊瑚礁海域,能让自己活下去的生存策略就是好策略。都说"走自己的路",但"走别人走过的路"很多时候确实是一种捷径。

猪齿鱼

会用工具的猪齿鱼

　　鱼类可以说是最原始的脊椎动物。一般来说，它们被视为智力低下的生物。然而，海洋里的猪齿鱼，却是聪明到会使用工具的一族。

　　猪齿鱼是猪齿鱼属生物的统称，属于鲈形目隆头鱼科，广泛分布于热带珊瑚礁海域。不同种的猪齿鱼，外貌差别很大：体型小的只有三四十厘米长，大的能长到 1 米；多数呈现朴素的青色，也有些有着绚丽的花纹。不过，作为同一属的"亲戚"，它们的共同特点还真不少：身体从侧面看呈长卵圆形，头的背部轮廓呈凸起的弧形；最重要的是，它们上、下颌各有 4 颗犬齿，就像是野猪翘出嘴唇的獠牙，这也是它们名字的来历。

　　猪齿鱼是独来独往的捕食者，常常用有力的头部翻动水底的石块和珊瑚碎片，让躲在下面的底栖生物无处遁形。海胆、软体动物、虾、蟹是它们喜好的美食——这些家伙不是长刺就是有硬壳，尽管多数活动缓慢，但是也让不少捕食者难以下口。然而，猪齿鱼无所畏惧。过去人们认为，它们能用锋利的牙齿和坚硬的颌骨像嗑瓜子一样嗑开软体动物等的硬壳，然而事实并非如此。在纪录片《蓝色星球 2》里，我们看到一条猪齿鱼用碗状珊瑚里面一处特别的、没有珊瑚虫覆盖的凸起部位砸开了一只双壳纲的软体动物。它的行为自然流畅，

猪齿鱼

131

显然不是第一次这样做。首先它在珊瑚礁边缘地带，用胸鳍和头部翻找碎珊瑚和沙石底下埋藏的猎物。它找到了一个双壳紧闭的家伙，用嘴叼着游向它的"厨房"——一座里面有着一处坚硬的凸起部位的碗状珊瑚。它瞄准那处坚硬的凸起部位，甩动头部把美味的食物狠狠砸了上去。一下，两下，三下……它就像一名人类的工匠一样，富有耐心、决心和精确的技巧。最终，它把贝壳砸开了，吃到了肥满、鲜美的贝肉。

鉴于没有更多的记录和资料，我们无法得知，这是所有猪齿鱼都具有的智慧，还是其中某些成员的妙手偶得。不论如何，猪齿鱼这项高超的技能，让自己在这个竞争激烈、弱肉强食的海洋世界顽强生存着。

有人说，人类的历史就是一部技术发展史。从两手空空到借助工具，从无意获取有助于生活的石块到有意而为地磨制石器，从刀耕火种到蒸汽电力，无不是人类辛勤探索的结果。我们总将"使用工具"视为自己种族的专长，因此每当我们看到动物有类似的行为，比如黑猩猩拖箱子垫高来摘香蕉或者海獭用石头砸开蛤蜊，总是深深地感到惊讶。然而，我们应该知道，比我们更早来到地球并繁衍至今的生命，也一定有着熬过漫长岁月的生存"智慧"。在犯了诸多自以为是的错误之后，在导致了资源短缺、环境污染等问题之后，我们是不是该放下自诩为万物灵长的骄傲，向这个世界上其他的成员学习——学习与这个世界和谐共存？

猪齿鱼

倒立游泳的条纹虾鱼

大多数鱼游泳的样子，包括两只眼睛长在身体同一侧的比目鱼，都是头朝前，眼睛看着行进的方向的。然而条纹虾鱼偏偏特立独行，像人类玩倒立一样，头朝下倒着游泳。

条纹虾鱼属于玻甲鱼科虾鱼属，是一种生活在珊瑚礁海域的十几厘米长的小鱼。它们体形细长，宛若小虾；身上披着透明的骨甲而没有鳞片；吻部特别突出，呈长管状，有些像虾头部的额剑；背鳍、臀鳍和尾鳍都向下弯曲，和虾的尾部也有几分相似；加上体侧那一条极为明显的黑色或棕色纵带，它们被叫作条纹虾鱼，实在名副其实。然而，和虾比起来，条纹虾鱼可是非常单薄的，像刀片。所以，它们也有了"刀片鱼"的称呼。

栖息地不同，条纹虾鱼的体色也会不同。在海藻丛中，条纹虾鱼呈黄绿色，而那条纵条纹呈浅棕色。在沙地或砾石区，条纹虾鱼身体呈银色；条纹颜色加深，呈棕色至黑色。它们的体色和极其单薄且透明的身体利于隐蔽。

条纹虾鱼喜欢在日间活动，觅食的时候在珊瑚礁海域形成较小的集群。群体中的条纹虾鱼相互平行排列，一律头朝下，看起来"锋利"无比的腹部朝向同一方向。集群觅食干扰了捕食者对单个个体具体位置的判断，同时集群中众多个体相对单个个体有着更广阔的视野，从而降低了单个个体被捕食的可能。

遇到危险，条纹虾鱼会迅速躲进附近林立的海胆棘刺或鹿角珊瑚中。另外，它们埋伏在海胆棘刺丛中，一旦有摄食海胆的小型无脊椎动物靠近，便会冲出来捕食这自投罗网的猎物。条纹虾鱼薄如刀片的体形、头朝下的泳姿，都利于其在海胆棘刺中出没。

除了条纹虾鱼，同属的"兄弟"斑纹虾鱼，以及和这两"兄弟"同科的玻甲鱼，都喜欢头朝下"倒立"。

某种条纹虾鱼

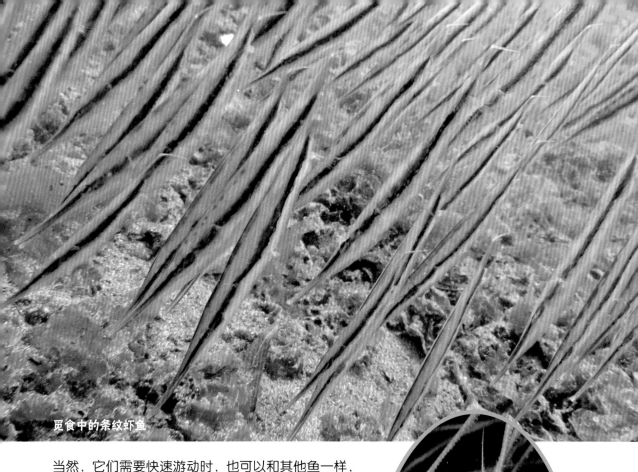

觅食中的条纹虾鱼

当然，它们需要快速游动时，也可以和其他鱼一样，头朝前水平游泳。

　　其实大海里，像条纹虾鱼一样游泳姿态奇葩的生物还有不少。比如，同样是珊瑚礁"家园""常客"的扇贝，这个经常被清蒸了送上餐桌的物种，也有着独特的游泳姿势：它们两壳一张一闭"击掌"前游。扇贝开壳将水吸入，之后闭上壳，让水从后缘的小孔喷出，这给它们带来了更快的速度。相比双壳纲其他软体动物，扇贝可以算是游泳健将了。

玻甲鱼

当心触电

当夜幕降临，珊瑚礁"家园"大部分"居民"都慢慢进入梦乡时，有一种鱼却从海底的沙砾中钻出来，开始搜寻美食。这是大西洋电鳐，一种随身带着"电击枪"的软骨鱼，属于电鳐目电鳐科。

大西洋电鳐的外形很奇特。它们有着蒲扇一样又扁又圆的体盘和健硕的尾部。它们的两只小小的眼睛长在"蒲扇"的背面，而一张"樱桃小嘴"在"蒲扇"的腹面。嘴前面的两个孔是它们的鼻孔。在嘴的侧后方，有两个呈肾形的发电器官，这是大西洋电鳐强大的"武器"。作为电鳐中体型最大的一种，大西洋电鳐体长可达180厘米，体重可以达到90千克！

幼年时，大西洋电鳐往往生活在浅海的泥沙中，在珊瑚礁附近也可以看到它们的身影。成年之后，它们则大多远行，在大洋开阔水域遨游，很少再回到浅海。大西洋电鳐是一种典型的夜行动物。白天它们大多数时候都把自己埋在泥沙之中，而晚上则会在海底缓慢地巡游，寻找已经沉睡的猎物。小型鱼类，以及甲壳动物等无

南非单鳍电鳐

脊椎动物都在它们的"食谱"之中。当然，这并不代表白天的大西洋电鳐是"老实"的，如果有猎物送上门来，它们自然会"笑纳"。当猎物进入它们的"势力范围"后，大西洋电鳐就会乘其不备，突然袭击。它们把自己的胸鳍卷起来，包住猎物，使发电器官靠在猎物身上，释放电流。猎物被电晕甚至一命呜呼，成为大西洋电鳐"五脏庙"的"祭品"。

两块肾形的发电器官几乎占大西洋电鳐体重的1/6。发电器官的基本单位是由特殊的肌肉细胞构成的"电池板"。据说，一只大西洋电鳐携带有大约50万块"电池板"

大西洋电鳐

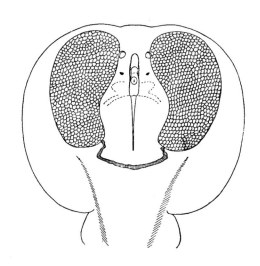

大西洋电鳐的肾形发电器官

呢！这些"电池板"一层层叠起来，组成了超过 1000 个六角柱形的"电池柱"。"电池板"之间充满绝缘的胶质，这些胶质能够保护大西洋电鳐自己不会被电到。所有的"电池板"都由末梢神经连接。就像电池组一样，虽然每个"电池板"只能产生微弱的电流，但这么多块"电池板"连在一起，就有了很大的威力。成年大西洋电鳐放电的电压超过 200 伏特，功率甚至能达到 1000 瓦，并且可以持续放电数十秒。即使成年人被大西洋电鳐攻击，都会有生命危险，更何况比人小很多的鱼呢！不过大西洋电鳐也不能一直放电。每次放电之后，它们都需要休息好一阵子。

大西洋电鳐的牙口不好，没法将猎物撕扯成碎片，因此很多时候都是将"美餐"囫囵吞下。它们的嘴很小，但好在它们的下颌可以扩张得很大，不然它们可就只能挑那些"塞牙缝"的小鱼、小虾吃了。当然，有时候杀死的猎物太大，它们也只能放弃。谁让它们吞不下去呢！

包括大西洋电鳐在内，电鳐目一共有 69 种成员。它们都具有放电的能力，不过释放的电流强弱不一。弱一点的放电电压只有 8 伏特左右，而强的则能达到 220 伏特，足以对付海洋中的大部分动物。因此，电鳐在海洋世界是鲜有天敌存在的。

电鳐虽然有着出色的放电本领，但是

魔电鳐

也有一个很大的弱点，就是它们的眼神不太好。动物呼吸时会产生电场，释放出微弱的电流，而电鳐则习得了感受水中微弱生物电流的本事。动物在水中快速移动时产生的电流更强。也正是因此，有时电鳐会忽略离自己很近的猎物，反而去捕捉离自己较远的、在快速移动的猎物。

电鳐的放电能力在很早之前就引起了人们的注意。古希腊人就会利用电鳐放电来麻痹即将分娩的孕妇，减轻其分娩的痛苦。在公元 46 年，罗马医生斯克里伯尼乌斯·拉格斯在其著作《医学合成》中记载了使用电鳐来治疗头痛和痛风的方法。19 世纪，意大利物理学家则仿照电鳐的发电器官制作出了世界上第一个电池。另外，鱼雷的英文名——torpedo 也源自电鳐。

除了电鳐之外，电鳗和电鲇也都有着不俗的放电能力。这些"电"字辈的动物可都不是什么好欺负的角色。

太平洋电鳐

麦克电鳐

海中"飞碟"

对于双壳纲的软体动物来说,移动似乎是一件艰难且没有太大必要的事情。这些双壳纲动物拥有两块坚硬的"盾牌",可以在一定程度上保证安全。它们有着圆柱形的闭壳肌,可以将两块贝壳紧紧地合在一起,即使是人类也很难徒手将它们打开。同时,这两块"盾牌"也阻碍了它们移动能力的发展。因此,绝大多数双壳纲动物都没有或者只有很弱的移动能力。例如,蛤蜊和蚶类只能很缓慢地移动;而贻贝、牡蛎之流,则干脆放弃了移动,直接选择了附着生活,在一个地方一待就是一辈子。

不过,这些双壳纲动物的处境也不是绝对安全的。有些生物便能威胁到它们的生命。就拿鱼类来说吧,鹦嘴鱼和鳞鲀可是吃双壳纲动物的好手。它们那一口好牙,连珊瑚都可以啃下一块来,咬碎个贝壳还不是轻轻松松的事情?除了鱼类外,软体动物中也有不少能对双壳纲动物造成威胁,如脉红螺。20世纪中期,脉

海湾扇贝

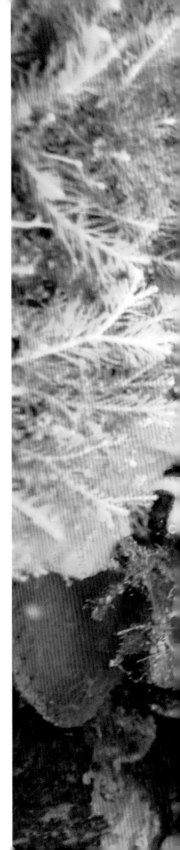

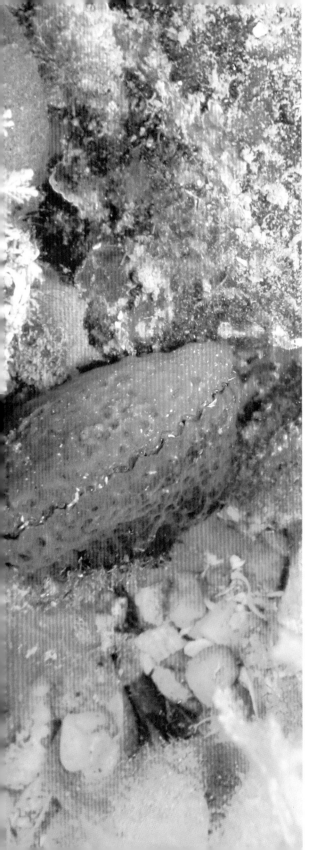

栉孔扁贝的壳

红螺"偷乘"船舶来到黑海沿岸，成了令人头痛的入侵生物，给当地的牡蛎和贻贝产业造成了几近毁灭性的损害。此外，不少章鱼、海星也会以双壳纲动物为食。

捕食者猎食缺乏移动能力的双壳纲动物，轻而易举，如探囊取物。扇贝似乎"意识"到了这一点，于是"修炼"了一种特殊的运动本领。

扇贝运动起来有些像喷气式飞机。和大部分双壳纲动物不同，扇贝只有一个闭壳肌。对了，名列"海八珍"之一的"干贝"，就是扇贝闭壳肌的干制品。扇贝的这一闭壳肌非常粗壮，有着强大的牵拉力量。

运动中的扇贝

这个强壮的闭壳肌就是扇贝运动的主要驱动器。遇到威胁的时候，扇贝会利用闭壳肌快速开合自己的壳。开壳的时候，扇贝会使自己壳内充满海水。在闭壳的过程中，缘膜将壳前方遮住，壳内的水只能从后方喷出，形成两股水流。扇贝借此推动自身向前游进。不过，扇贝一般游动数米便会落在海底，还要休息很久才能再次出发。当然，这也差不多够用了，毕竟脉红螺和海星之类的捕食者的移动速度比扇贝慢多了。

　　那么，扇贝又是如何感知威胁的呢？难道只有捕食者接触到它们以后它们才能发现吗？显然不是。扇贝拥有发达的眼睛。在扇贝的外套膜边缘

扇贝的内部结构

隐藏着许多小小的眼睛，有些种类（如欧洲大扇贝）的眼睛甚至有200多只。当扇贝处于安全环境中时，它们才会张开壳，露出一只只亮亮的小眼睛。别看扇贝的眼睛小，结构却十分复杂，有1块长焦距晶状体、2层视网膜和银膜等构造。扇贝的眼睛成像原理与人类的有所不同。人类的眼睛中，光线主要由晶状体折射并汇聚，最终在视网膜上成像。而扇贝的眼睛有些类似于反射望远镜，光线经过晶状体后在一定程度上被汇聚，但由于晶状体焦距较长，不能被很大程度地弯折，因此并不能够直接在视网膜上成像。此后，光线通过视网膜到达眼底部的银膜。银膜中含有20~30层多边形片状鸟嘌呤晶体。鸟嘌呤晶体一片片紧密排列成薄膜状，并一层层叠加，层与层中间由细胞隔开。银膜的形状类似于一块凹面镜，将光线反射并汇聚在视网膜上成像。而

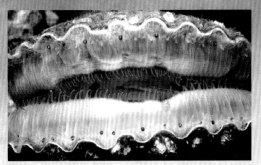

扇贝的眼睛

且，银膜表面曲率是不断变化的，性能可比普通凹面镜好多了。另外，扇贝的两层视网膜有着不同的功能：上层视网膜主要对扇贝上半视野进行成像，而下层视网膜则主要负责下半视野。扇贝的每只眼睛的视野都有所不同，并且每只眼睛都由神经连接至视觉中枢。因此，扇贝视野广阔。拥有200多只眼睛的欧洲大扇贝的视野甚至超过250°。

　　扇贝拥有了这些"特异功能"，提高了自己的生存能力。很多移动速度比较慢的捕食者也就对扇贝束手无策了。

叉斑锉鳞鲀

"炮弹"来袭

有一类鱼，在水族市场上被称作"炮弹"。在英语中，它们被叫作"Triggerfish"，意为扳机鱼。又是炮弹又是扳机的，听起来就觉得它们有着"凶神恶煞"的脾性。没错，这确实是一类具有攻击性的鱼。

它们是鳞鲀，属于鲀形目，是那些会变成"气球"的河鲀的"亲戚"。不过，它们没有"膨胀变身"的能力。从侧面看，鳞鲀长得颇像鱼雷，这大概是它们"炮弹"之名的由来之一吧。它们有两个背鳍，第一背鳍很小；而第二背鳍却非常大，像一面船帆。它们的臀鳍的形状、大小皆与第

二背鳍相近，二者位置正好相对。另外，它们的尾鳍也非常大。这与它们的运动方式有很大关系。

鳞鲀有着特殊的运动方式——鳍波动推进模式。也就是说，它们主要是靠鱼鳍的波动来推动自己前进的，而不像其他很多鱼一样靠身体的摆动前进。它们发达的第二背鳍和臀鳍可以带来较大的推动力。当然，有些种类的鳞鲀会在危险的时候通过鳍波动和身体摆动共同作用，加快自己的运动速度，如叉斑锉鳞鲀。鳞鲀的背鳍、臀鳍和尾鳍协作，使得鳞鲀的运动更加灵活。鳞鲀拥有"倒车"的"独门绝技"，它们只需要改变鱼鳍的波动方式就可以反向运动，而无须转弯。它们宽大的尾鳍并

不是用来提供动力的。在鳞鲀快速游动时，尾鳍会起着保持平衡和控制方向的作用，类似于鸟类的尾羽。

　　那么，鳞鲀小小的第一背鳍又是干什么的呢？它们的第一背鳍只有 3 根鳍棘，第一鳍棘非常粗大，而后两根相对来说较为短小。第一、二鳍棘形成了一种特殊的结构：当第一鳍棘竖起来时，第二鳍棘会落下，从后面卡住第一鳍棘。这种类似手枪扳机的结构使鳞鲀的第一鳍棘在需要的时候可以笔直地立起来。除非鳍棘断裂或者鳞鲀主动使第二鳍棘放松复位，不然挺立的第一鳍棘绝不会放下。睡觉的时候，鳞鲀就会竖起自己的第一鳍棘，嵌入珊瑚礁的缝隙，把自己固定住，以防止自己被水流带出安全位置。当它们遇到危险的时候，也会将自己卡在石头缝中，这样捕食者就很难将它们拖出来吃掉了。"扳机鱼"一名因此而得。

波纹钩鳞鲀

角鳞鲀

斜带钩鳞鲀

鳞鲀有一张小小的嘴巴。可不要小看这张"樱桃小口"，它有着非常强大的咬合力。鳞鲀主要以软体动物、虾、蟹、海胆等为食，有些种类甚至还会啃食珊瑚礁上的藻类。它们的进食方式是很粗暴的。这些家伙往往不管三七二十一地将食物咬碎了全吞下去，有时候连石头也能啃下一块来。可见，它们那牙口可是好得很。

鳞鲀大多有非常强的领地意识，尤其是在产卵期的雌性，会对侵入它们领地的任何动物产生强烈的敌意。这些家伙经常会对无意间闯入它们领地的潜水员发起攻击，令潜水爱好者们非常苦恼。所以，如果你在潜水的时候遇到这类鱼，最好离它们远一点，小心"炮弹"来袭。

阿氏锉鳞鲀

图书在版编目（CIP）数据

珊瑚礁里的生存术 / 黄晖主编. — 青岛 ：中国海
洋大学出版社，2019.12
　（珊瑚礁里的秘密科普丛书 / 黄晖总主编）
　ISBN 978−7−5670−1781−8

　Ⅰ．①珊⋯ Ⅱ．①黄⋯ Ⅲ．①海洋生物−青少年读物
Ⅳ．①Q178.53−49

中国版本图书馆CIP数据核字(2019)第289713号

珊瑚礁里的生存术

出 版 人	杨立敏			
出版发行	中国海洋大学出版社			
社　　址	青岛市香港东路23号	邮政编码	266071	
网　　址	http://pub.ouc.edu.cn	订购电话	0532-82032573（传真）	
项目统筹	邓志科	电　　话	0532-85901040	
责任编辑	孙玉苗	电子信箱	94260876@qq.com	
印　　制	青岛海蓝印刷有限责任公司	成品尺寸	185 mm × 225 mm	
版　　次	2019年12月第1版	印　　张	10.25	
印　　次	2019年12月第1次印刷	字　　数	100千	
印　　数	1～10000	定　　价	29.80元	

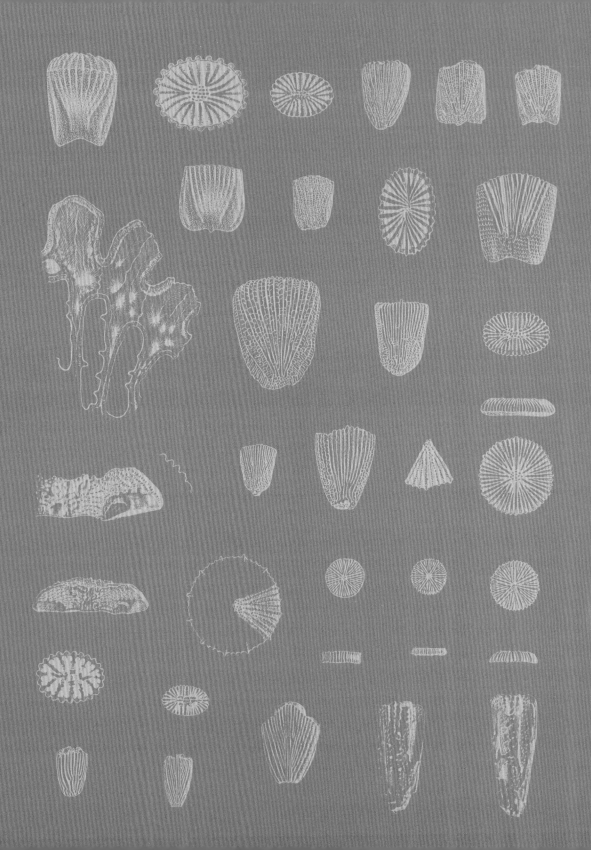